21世纪高等院校艺术设计精品规划教材

丛书主编/郑巨欣

丛书主审/李超德　王安霞

Flash动画全面掌握

主　编　孙　舒　杨鑫宝

副主编　胡　宇　杨晓笛　杨世翠　张　长

参　编　张晓旭　李俊峰

天津大学出版社

TIANJIN UNIVERSITY PRESS

内 容 提 要

本教材主要内容包括Flash CS4基础知识、绘制图形、填充图形、编辑图形对象、帧的概念、动画的实现原理、基本的动画类型、动画的制作方法、元件和库的使用、遮罩动画、路径引导动画、文字动画、3D动画、声音和视频的使用、Action Script 3.0语言和对Flash文件的优化以及发布等知识。

本教材可作为高等院校及各类电脑培训班的教学用书，也可作为动画制作、网页设计制作、多媒体制作、影视片头制作和教学课件制作等广大从业人员的参考用书。

图书在版编目(CIP)数据

Flash动画全面掌握 / 孙舒，杨鑫宝主编. —天津：天津大学出版社，2010.1

21世纪高等院校艺术设计精品规划教材
ISBN 978-7-5618-3304-9

I. ①F… II. ①孙… ②杨… III. ①动画－设计－图形软件，Flash－高等学校－教材 IV. ①TP39L 41

中国版本图书馆CIP数据核字（2009）第226151号

出版发行	天津大学出版社	
出 版 人	杨欢	
地　　址	天津市卫津路92号天津大学内（邮编：300072）	
电　　话	发行部：022-27403647　邮购部：022-27402742	
网　　址	www.tjup.com	
印　　刷	北京奥美彩色印务有限公司	
经　　销	全国各地新华书店	
开　　本	210mm×285mm	
印　　张	6.5	
字　　数	214千字	
版　　次	2010年1月第1版	
印　　次	2010年1月第1次	
定　　价	39.00元	

21世纪高等院校艺术设计精品规划教材
编审委员会

设计是人类合目的的活动和观念的产物，与我们的生活和社会的发展密切相关。这种相关性，有赖于教育。教育是人类社会的延续机制，人类依靠教育而成长。其中，书籍可谓人类进步的阶梯。

在国内外的书籍中，设计类的书籍并不少见，但用于学校教学的设计类书籍，相比哲学、医学和法学等方面的书籍，以及艺术类的其他经典学科如绘画、音乐等书籍，却显得很不成熟。这种状况与设计本身的历史及其所体现的价值极不相称。因为设计源于人类最初的生活方式，从饮血茹毛到衣被群生，从禀自然而生到工具的发明，设计促成了人猿揖别和文明的出现。但是在漫长的古代社会，设计难以与绘画、音乐等相提并论，尽管它也可以参赞造化，巧夺天工。降至百年前，设计率先在欧洲发展为独立的行业，我们通过对西方的学习也逐步形成了设计的思维形式和内容构建。在过去的近半个世纪里，中国的经济和城市建设，具体到衣、食、住、行、用等，都发生了令人瞩目的变化，我们不仅利用设计极大地满足了社会需求，并且憧憬更加美好的未来。与此同时，我们也不由自主地进入了一个越来越多地被设计的社会。在这样一种发展态势下，尤其是在中国，设计类书籍的不够成熟是完全可以理解的。当设计日渐成为社会的主导力量时，人们的审美、创造和思考便不能驻留在过去，但创新有如破茧化蝶，因此，推进设计教育的发展，需要我们以系统观审视设计类书籍的出版策略，基于传统的比照和时代的发展变化，编写出一套具有可持续价值和指导作用的精品教材显得尤其重要。

面对纷繁复杂且无处不在的设计，在当下应该出版什么样的教材才是合适的，不同的人可能有不同的回答。我们与其随波逐流，倒不如稍作停歇，先对教材的用途作一番本质的思考。编写教材，首先考虑的应该是当代设计教育的指向。今天的设计已经不再是花卉写生变化，设计的主体也已不再是制作瓶瓶罐罐，设计随着近半个世纪以来中国的巨变，已经与城市发展、人们的生活品质和国家形象紧密地联系在一起。今天的设计，是一项兼顾艺术和科学的充满智慧和人文关怀的人类活动。其非凡之处，在于能将恣情的感性瞬间凝聚起来，指向理性目标，从而有效地完成思维物化的过程。设计的功能性已将目标与理念准确地落实为可在日常工作中直接应用、可操作的设计准则和控制要点，落实为对社会人文系统的建构。当我们将这样一个庞大的设计系统纳入教学体系时，为了给学生传授设计方面的知识，通常的做法就是设立相关课程。设计作为一个知识体系，相对于课程来说，其内容是相对稳定的，而课程却灵活得多。在设计的教学过程中，课程与课程名称从本质意义上说其设定并非一成不变，但课程应有相对独立的主题，以有助于知识单元的归属和教学秩序的稳定，使专业的建设情况、基本思路和特色更加明晰。所以当前设计教学需要的书籍或教材，应是具有相对独立主题，并且具有内在联系和核心价值追求的一套系列丛书。

像这样的一套教材，在撰写、编辑和出版发行中，势必会有引导性、整体性、适用性、先进性、精良性和稳定性等方面的要求，其难度可想而知。但是我相信，这项工作已有前贤和同人奠定的基础，现经我们共同的努力，一定能够更好地将设计理论与实践有机化，更加鲜明地赋予其时代特色并反映当下教学的最新成果，全面、系统并深入浅出地诠释课程内涵和设计原理，以充分体现教材分类分层指导的针对性和有效性。与此同时，我们也真切地期待，这套教材在使用的过程中，能够成为有效提升设计教学水平的重要媒介，从而为进一步推动我国设计教育事业的繁荣和发展作出积极的贡献。

前言 Preface

  Adobe公司收购Macromedia公司后将享有盛名的Macromedia Flash更名为Adobe Flash。Flash是一款优秀的矢量动画编辑软件,利用该软件制作的动画体积小、运行速度快,用户可以在动画中加入位图图像、声音和视频,并可以导入3D动画。当然,Flash CS4已经开始有了3D接口,也就是说现在可以用Flash直接做出3D动画了,通过Flash还可以制作交互式的应用程序和游戏等。在讲述Flash的具体功能之前,让我们先了解一下它的光辉历史吧。

Future Splash Animator (1995) Flash的前身;

Flash 1 (1996) Macromedia把Future Splash Animator改名为Flash;

Flash 2 (1997) 引入库的概念;

Flash 3 (1998) 增加对影片剪辑、透明度的支持;

Flash 4 (1999) Action Script 1.0、流媒体MP3和自己的播放器Flash Player;

Flash 5 (2000) 支持 XML和HTML文本格式;

Flash MX (2002) 增加对流媒体视频编码的支持;

Flash MX 2004 (2003) Action Script 2.0,增强的流媒体视频;

Flash 8 (2005) 增强为移动设备开发的功能;

Flash CS3 (2007) Adobe公司收购Macromedia公司后,首次推出的版本;

Flash CS4 (2008) 当前最新版本。

  从Future Splash Animator简单的工具和时间线开始到Flash对声音、视频和脚本语言等的各种支持与改进,现在的Flash已经成为用户公认的优秀的动画制作软件和应用开发软件,并以多媒体和交互性而广受推崇。

  本教材共分12章。第1章介绍了Flash动画的特点、优势以及Flash CS4的工作界面;第2章主要介绍Flash动画制作工具的使用;第3章用简单的绘画实例来进一步介绍对绘画工具的使用;第4章介绍了帧、时间轴和图层的概念,并以Flash常用的两种动画方式来作为动画制作的开始;第5章主要介绍遮罩这个常用的动画技巧;第6章以小球的运动、飘落的树叶、飞行的蚊子和小球的圆周运动等制作实例来介绍引导层的作用;第7章主要介绍文字的属性及其应用;第8章简单介绍Flash CS4新增的3D功能;第9章介绍声音和视频在动画中的使用;第10章简单介绍Action Script 3.0的使用,以满足动画制作的基本需要;第11章用综合实例来介绍动画的总体制作;第12章主要介绍Flash文件的导出、优化和发布。当然,Flash是一个功能强大的动画创作工具,仅仅掌握一些表面知识是远远不够的,只有在实践中不断摸索和总结,并且不断激发自己的想象力和创造力,才能逐步提高创作水平,从而创作出优秀的动画作品。

  本教材可作为高等院校及各类电脑培训班的教学用书,也可作为动画制作、网页设计制作、多媒体制作、影视片头制作和教学课件制作等广大从业人员的参考用书。

  由于编者水平有限,书中不足之处,欢迎广大读者批评指正。

编 者

Contents 目录

第1章 Flash综述/1

1.1 Flash动画的特点及优势/1
1.2 Flash CS4的工作界面/1

第2章 Flash动画制作常用工具/6

2.1 关于矢量图形和位图图形/6
2.2 工具面板中的工具使用/6

第3章 绘制图形与滤镜使用/22

3.1 绘制图形/22
3.2 滤镜使用/28

第4章 基本动画/32

4.1 时间轴面板/32
4.2 图层及其操作/33
4.3 逐帧动画/34
4.4 补间形状动画/35
4.5 补间动画/36
4.6 传统补间动画/37
4.7 IK骨架动画/38

第5章 遮罩动画/42

5.1 视觉窗/42
5.2 彩色文字/43
5.3 探照灯效果/44
5.4 水波效果/46

第6章 路径引导动画/48

6.1 小球的运动/48
6.2 飘落的树叶/50
6.3 飞行的蚊子/51
6.4 小球的圆周运动/53

第7章 文字动画/55

7.1 霓虹灯文字/55
7.2 打字机效果/56
7.3 书法效果/57
7.4 逐个显示的文字效果/58

第8章 Flash 3D应用/61

8.1 术语和概念/61
8.2 坐标系/61
8.3 3D效果的制作工具/62
8.4 3D空间/62
8.5 在3D空间中移动对象/63
8.6 在3D空间中旋转对象/64
8.7 调整透视角度/65
8.8 调整消失点/65
8.9 移动翻转的3D动画/66
8.10 旋转的立方体/67

第9章 声音和视频/70

9.1 使用声音/70
9.2 使用视频/74

第10章 Action Script 3.0应用/78

10.1 Action Script概述/78
10.2 动作面板/78
10.3 向动作面板中添加代码/79
10.4 给按钮添加超链接/79
10.5 控制帧/80
10.6 闪烁的星星/81
10.7 影片预加载/83

第11章 Flash实例分析及辅助工具/86

11.1 Banner中的文字渐变/86
11.2 藤蔓生长效果/90
11.3 Flash动画制作的辅助工具/92

第12章 Flash文件的导出、发布及优化/94

12.1 导出文件/94
12.2 发布与设置/94
12.3 文件优化/96

参考文献/98

第1章 Flash综述

学习目标

通过本章的学习，使读者对Flash软件的界面和功能有大体上的了解。

能力目标

在了解Flash软件的基本界面后，要求读者能够熟知Flash的特点和各个面板的基本功能。

Flash不但是一款优秀的矢量动画编辑软件，而且也是一个很受欢迎的应用开发软件。它能够将矢量图、位图、声音、视频、动画和交互动作有机且灵活地结合在一起，从而制造出新奇、美观、交互性很强的动画效果。它制作出来的动画短小精悍，受到了广大设计者的青睐，并被广泛应用于网页设计、多媒体制作、影视片头制作和教学课件制作等。

1.1 Flash动画的特点及优势

Flash是交互式矢量图和Web动画的标准，与其他的传统动画软件相比，Flash动画具有以下特点。

（1）高质量的矢量图形：利用Flash绘图工具绘制的图形均是一种基于矢量的图形。矢量图可以无限放大而不会失真，始终可以保持高质量的图像效果，而位图则在放大后出现马赛克，模糊不清。所以矢量图在输出动画方面更加适于卡通动画制作。

（2）"流"式播放：Flash动画采用"流"式播放技术，让用户可以一边下载一边观看，适应了当今网络的带宽，使用户观看动画减少了等待的时间。

（3）高度的交互性： Flash不仅可以很轻松地制作出顺序动画，而且凭借日益强大的Action Script语言的支持，能够作出复杂交互性的动画，可以更好地满足所有用户的需要。

（4）可使用多种文件格式：可以向Flash中导入各种类型的图形、声音和视频文件等，这可使动画满足各个领域的需求。

（5）生成的SWF文件体积小：相对于GIF动画，Flash动画因其使用矢量图像，相应的文件大小要比GIF动画小得多，而且在必要情况下，Flash可以对动画中的位图进行再压缩，使文件体积变得更小。

这些特点体现了Flash动画所具有的优势。除此之外，制作Flash动画还能够大大减少人力、物力资源的消耗，大大节省时间。在教学课件中，使用设计合理的动画有助于学科知识的表达和传播，使学习者加深对所学知识的理解，提高学习兴趣和教学效率，对于以抽象教学内容为主的课程意义更大。虽然Flash必须安装插件才能在浏览器上观看，但现在Flash Player的全球普及率已超过90%，Flash动画已成为互联网动画的主流。

1.2 Flash CS4的工作界面

安装了Flash CS4软件后，在Windows操作系统下执行【开始】→【程序】→Adobe→Adobe Flash CS4命令启动Flash软件，这时你会看到Flash CS4的工作界面。

1.2.1 欢迎屏幕

欢迎屏幕主要有【打开最近的项目】、【新建】、【从模板创建】和【扩展】，还有官方网站提供的【快速入门】、【新增功能】、【资源】以及【查找最新的功能提示、教程等更多内容】。如果在启动后不想显示欢迎屏幕，可以选择左下角的【不再显示】，当想要再次显示时可以选择【编辑】→【首选参数】→【常规】→【启动时】→【欢迎屏幕】，如图1-1所示。

图1-1

1.2.2 工作区

工作区主要由舞台、菜单栏、文档选项卡和各种面板组成，如图1-2所示。其中各种面板是可以隐藏和显示的，并且可以随意拖曳以改变其布局。

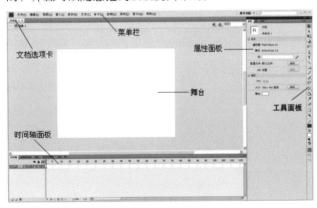

图1-2

1. 舞台

舞台是在创建 Flash 文档时放置图形内容的矩形区域，这些图形内容包括矢量插图、文本框、按钮、导入的位图图形或视频剪辑等。要在屏幕上查看整个舞台，或以高缩放比例查看绘图的特定区域，可以更改缩放比例级别。

2. 工具面板

工具面板也称为"工具栏"，使用工具面板中的工具

可以绘图、上色、选择和修改插图，并可以更改舞台的视图。工具面板分为四个部分：

（1）"工具"区域包含绘图、上色和选择工具。

（2）"视图"区域包含在应用程序窗口内进行缩放和移动的工具。

（3）"颜色"区域包含用于笔触颜色和填充颜色的功能键。

（4）"选项"区域显示用于当前所选工具的功能键。功能键影响工具的上色或编辑操作。

3. 属性面板

如图1-3所示，使用属性面板可以快捷地设置舞台或时间轴上当前选定项的常用属性，从而简化了文档的创建过程。可以在属性面板中更改对象或文档的属性，而不用访问用于控制这些属性的菜单或面板。根据当前选定的内容，属性面板可以显示当前文档、文本、元件、形状、位图、视频、组、帧或工具的信息和设置。当选定了两个或多个不同类型的对象时，属性面板会显示选定对象的总数。

图1-3

4. 时间轴面板

如图1-4所示，时间轴用于组织和控制文档内容在一定时间内播放的图层数和帧数。与胶片一样，Flash 文档也将时长分为帧。图层就像堆叠在一起的多张幻灯胶片一样，每个图层都包含一个显示在舞台中的不同图像。时间轴的主要组件是图层、帧和播放头。文档中的图层列在时间轴左侧的列中。每个图层中包含的帧显示在该图层名右侧的一行中。时间轴顶部的时间轴标题指示帧编号。播放头指示当前在舞台中显示的帧。播放 Flash 文档时，播放头从左向右通过时间轴。时间轴状态显示在时间轴的

底部，它指示所选的帧编号、当前帧频以及到当前帧为止的运行时间。

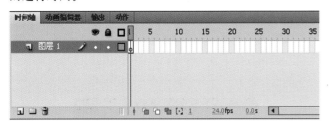

图1-4

5. 主工具栏

执行【窗口】→【工具栏】→【主工具栏】命令可以打开主工具栏，如图1-5所示。

图1-5

主工具栏上有最常用的打开文件、保存、打印、前进和后退等功能，建议将其打开，因为在制作动画时经常会用到。

6. 菜单栏

Flash 应用程序窗口顶部的菜单栏显示包含用于控制 Flash 功能的命令的菜单。这些菜单包括【文件】、【编辑】、【查看】、【插入】、【修改】、【文本】、【命令】、【控制】、【窗口】和【帮助】。

7. 对齐面板

对齐面板可以对编辑区中多个对象进行排列、分布、匹配大小、调整间隔等操作。对齐面板如图1-6所示。

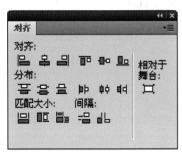

图1-6

对齐：用于调整选定对象的左对齐、水平对齐、右对齐、上对齐、垂直对齐和底对齐。

分布：用于调整选定对象的顶部、水平居中和底部分布以及左侧分布、垂直居中和右侧分布。

匹配大小：用于调整选定对象的匹配宽度、匹配高度和匹配宽和高。

间隔：用于调整选定对象的水平间隔和垂直间隔。

相对于舞台：用于调整选定对象相对于舞台尺寸的对齐方式和分布。

8. 信息面板

信息面板可以查看选定对象的大小、位置、颜色和鼠标指针的信息。信息面板如图1-7所示。

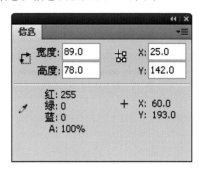

图1-7

你可以在此面板中修改选定对象的宽度和高度，也可以通过点击右边的坐标网格中心点来修改选定对象的注册点。

9. 变形面板

变形面板可以对选定对象进行缩放、旋转、倾斜、3D旋转、调整3D中心点、复制选区和变形及取消变形等操作。变形面板如图1-8所示。

图1-8

可以在此面板中修改选定对象的水平和垂直缩放，如果要使对象按原来的长宽比例进行缩放，请单击垂直比例后的【锁定】按钮；选中【旋转】单选按钮，可以调整旋转角度，使对象旋转；选中【倾斜】单选按钮，可以调整水平和垂直的角度来倾斜对象；可以调整对象的X轴、Y轴和Z轴的旋转角度，使对象在3D空间内旋转；还可以通过调整对象的X、Y、Z坐标来改变对象在3D空间的位置；单击面板右下角的复制选区和【变形】按钮，可复制对象的副本并执行变形操作，单击【重置】按钮，可恢复上一步的变形操作。

10. 颜色面板

颜色面板可以用来创建和编辑笔触颜色和填充颜色。颜色面板如图1-9所示。

图1-9

默认为RGB模式，显示红、绿和蓝的颜色值；Alpha值用来指定颜色的透明度，其范围为0%～100%，0%为完全透明，100%为完全不透明；颜色以十六进制表示，可以通过修改其值来修改颜色。

11. 库面板

库面板用于存储为了在Flash文档中使用而创建或导入的媒体资源，还可以包含已添加到文档中的组件。该面板如图1-10所示。

图1-10

也可以单击上方的下拉框，查看其他Flash文档的库项目。

12. 场景面板

场景面板用来显示动画场景的数量和播放的先后顺序。当动画包含了多个场景时，将按照它们在场景面板中的顺序进行播放。场景面板如图1-11所示。

图1-11

可以在该面板中单击左下角的三个按钮来依次添加、复制和删除场景，也可以上下拖动场景名称来调整其顺序。

13. 历史记录面板

历史记录面板用来跟踪自创建或打开某个文档以来执行的步骤列表，该面板如图1-12所示。

图1-12

可以用鼠标拖动箭头位置上下移动，以定位到相应的历史步骤上，也可以点击右下角的两个按钮依次复制所选步骤到剪贴板和将所选步骤保存为命令。

14. 网格、标尺和辅助线

网格、标尺和辅助线是Flash中用来精确绘制和定位对象的辅助工具。执行【视图】→【网格】→【显示网格】命令，可显示或隐藏网格线；执行【视图】→【网格】→【编辑网格】命令，可以打开【网格】对话框，如图1-13所示。

图1-13

执行【视图】→【标尺】命令，可以显示和隐藏标尺。使用标尺可以度量对象的大小。

执行【视图】→【辅助线】命令，可以显示和隐藏辅助线，使用辅助线用来定位和对齐对象，执行【视图】→【锁定辅助线】命令可以将辅助线锁定，执行【视图】→【编辑辅助线】命令，可以打开【辅助线】对话框，如图1-14所示。也可执行【视图】→【辅助线】→【清除辅助线】命令来删除全部的辅助线。

图1-14

课后习题

一、填空题

1. Flash动画采用_____技术，用户可以一边下载一边观看，适应了当今网络的带宽条件，使用户观看动画减少了等待时间。

2. _____可以无限放大，而不会失真，始终保持高质量的现实原有图像，而_____则在放大后出现马赛克，模糊不清。

二、选择题

1. 与其他的传统动画软件相比，Flash动画具有（　　）等特点。

    A. 逐帧播放   B. 高度的交互性

    C. 片的平滑过渡   D. 采用位图格式

2. 用于定位对象的工具有（　　）。

    A. 辅助线   B. 网格

    C. 标尺   D. 变形面板

三、上机操作题

练习在舞台上显示和隐藏网格、标尺和辅助线。

第2章 Flash动画制作常用工具

学习目标

通过本章的学习，对Flash软件的绘画功能有全面系统的了解。

能力目标

在了解Flash软件的绘画功能后，要求能够熟练使用各种图像绘制工具绘制相应的图形，并能将各种绘制工具综合使用，绘制出复杂的图形。

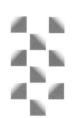

在使用Flash CS4进行动画创作时，必须使用各种工具绘制和编辑图形。本章主要介绍绘制和填充图形的工具及其使用方法。

2.1 关于矢量图形和位图图形

矢量图形简单而言就是对图形进行移动、调整大小、重定形状以及更改颜色等操作后而不更改其外观品质的图形，如图2−1所示。矢量图形与分辨率无关，这意味着它们可以显示在各种分辨率的输出设备上，而丝毫不影响品质，而在Flash中手动绘制的图形均为矢量图形。

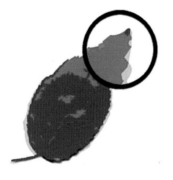

图2−1

位图图形在调整大小时边缘会出现锯齿，产生失真，如图2−2所示。这是因为位图图形是使用在网格内排列的称作像素的彩色点来描述图像的，在改变大小时，网格内的像素将重新进行分布。

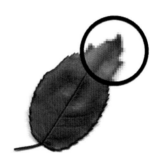

图2−2

2.2 工具面板中的工具使用

工具面板如图2−3所示。使用工具面板中的工具，可以绘制、着色、选择和修改图形，并可缩放舞台的视图。

图2−3

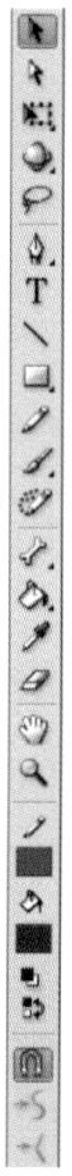

2.2.1 选择工具

使用【选择工具】可以选择、移动和改变对象的形状。按住Ctrl键并拖动对象，可以实现对该对象的复制，按住Shift键，可以选择多个对象。

2.2.2 直线工具

使用【直线工具】可以绘制各种长度和角度的直线条。可以在属性面板的【填充和笔触】选

项区域中设置它的绘画笔触属性，如图2-4所示，也可以在工具栏中选择笔触颜色。

图2-4

在图2-4中，如果将【样式】设为"极细线"，则绘制的线条在放大后还将保持原来的粗度。

◆颜色：线条颜色是由十六进制表示的（例如，红色为#FF0000，蓝色为#0000FF，等等）。

◆Alpha：指示线条颜色的Alpha值，有效值为0到100%。如果未指示值，则默认100%（纯色）；如果该值小于0，则使用0；如果该值大于100%，则使用100%。对于颜色和Alpha的值在取色器里设置，如图2-5所示。

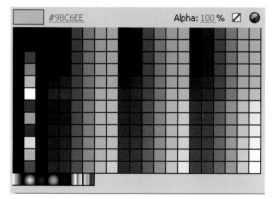

图2-5

◆笔触：以磅为单位指示线条的粗细，有效值为0到255。如果笔触的值小于0，则使用0。数值0表示极细的粗细；最大线条笔触为255。如果笔触的值大于255，则使用255。

◆样式：制定线条的外观形状，类型有"极细线"、"实线"、"虚线"、"点状线"、"锯齿线"、"点刻线"和"斑马线"，如图2-6所示。样式默认类型为实线。如果将样式设为极细线，则绘制的线条在放大后还将保持原来的粗细。

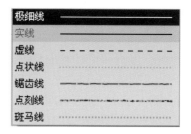

图2-6

◆缩放：指定如何缩放笔触。类型如下。
一般：始终缩放粗细（默认值）。
水平：如果仅水平缩放对象，则不缩放粗细。
垂直：如果仅垂直缩放对象，则不缩放粗细。
无：从不缩放粗细。

◆提示：它指定是否提示笔触采用完整像素。此值同时影响曲线锚点的位置以及线条笔触的大小。如果未指示值，则不使用像素提示。在绘制圆角矩形时，为避免边框线在拐角处出现毛边，请选中像素提示。图2-7中右边矩形是使用像素提示的，拐角处显得比较光滑。

图2-7

◆端点：指定线条终点的端点类型。类型有"无"、"圆形"和"方形"。如果未指示值，则使用圆角端点。图2-8显示了三条笔触为30磅、宽度均为30的线条，端点类型分别为"无"、"圆角"和"方形"。

图2-8

◆接合：指定用于拐角的连接外观的类型。类型有"尖角"、"圆角"和"斜角"。如果未指示值，将使用圆角连接。图2-9显示了三条笔触为30磅的线条，接合类型分别为"尖角"、"圆角"和"斜角"。

图2-9

◆尖角：指示切断尖角的限制（只在接合类型为尖角时有效）。尖角值表示向外延伸的尖角超出角边相交所形成的接合点的长度。如果未指定值，将使用3。图2-10显示了三条笔触为20磅的线条，尖角值分别设置为1、2和4（在"尖角"字段中输入一个新值或拖动热文本以更改该值）。

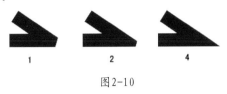

图2-10

按住 Shift键拖动，可以画出角度为45°的直线条。

2.2.3 铅笔工具

铅笔工具主要用来绘制线条，绘画的方式与使用真实铅笔大致相同。在绘画时可选择【伸直】、【平滑】和【墨水】三种绘画模式中的任意一种。

如图2-11中的三个三角形，从左到右依次使用【伸直】、【平滑】和【墨水】绘制模式绘制。

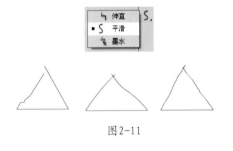

图2-11

◆伸直：可以绘制直线。
◆平滑：可以绘制平滑曲线。
◆墨水：可以绘制不用修改的手画线条。
按住 Shift 键拖动，可以画出横向或纵向的直线条。

2.2.4 形状工具

形状工具是一套创建各种图形的绘制工具，如图2-12所示。

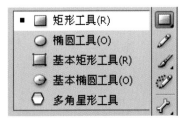

图2-12

（1）矩形工具。【矩形工具】可以创建方角或圆角矩形，如图2-13所示。

图2-13

1）执行【窗口】→【属性】命令，然后在【属性】面板中设置笔触（笔触是描画形状的线条）和填充属。

2）对于矩形工具，通过设置【属性】面板中【矩形选项】的角半径值来指定圆角半径，如图2-14所示。如果值为0，则创建的是直角。

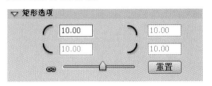

图2-14

如果值为负值，则创建凹角矩形，如图2-15所示。

图2-15

点击角半径锁定按钮，解除对四个角的半径相联，可以逐一设置各个角的半径，如图2-16所示。

图2-16

3）如果要绘制不带边框的矩形，可在笔触颜色的取色器中设置为无笔触颜色，如图2-17所示。

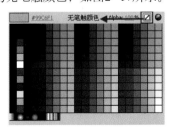

图2-17

用同样方法，在填充颜色的取色器中设置为无填充颜色，则可以绘制出一个没有填充色的矩形边框来。

4）在绘制圆角矩形时，为避免边框线在拐角处出现毛边，可选中像素提示，如图2-18所示。右边圆角矩形使用了笔触提示。

图2-18

5）按住Shift键拖动鼠标可以将形状限制为正方形。

（2）基本矩形工具。用【基本矩形工具】可以更简捷地创建圆角矩形和直角矩形。

1）执行【窗口】→【属性】命令，然后在【属性】面板中设置笔触和填充属性。

2）对于基本矩形工具，可通过设置【属性】面板中【矩形选项】的角半径值来指定圆角半径。

3）在舞台中绘制好一个基本矩形后，就会发现它的四个角有控制点，请选择【选择工具】对矩形的控制点进行调整，单击控制点并拖动，以改变圆角的半径，如图2-19所示。它一共有8个控制点，可以分别选择不同的控制点进行调整（在【属性】面板中的【矩形选项】单击角半径锁定按钮，可解除对四个角的半径相联）。

图2-19

（3）椭圆工具。【椭圆工具】可以用来创建封闭和半封闭的椭圆形、圆形、扇形和环形。

1）执行【窗口】→【属性】命令，然后在【属性】面板中设置笔触和填充属性。

2）对于椭圆工具，通过【属性】面板中的【椭圆选项】来设置"开始角度"、"结束角度"、"内径"和"闭合路径"，如图2-20所示。

图2-20

图2-21为三个椭圆，它们的结束角度均为0°，其开始角度分别为0°、90°和180°。

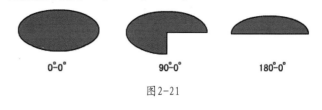

图2-21

图2-22为三个椭圆，它们的开始角度均为0°，其结束角度分别为0°、90°和180°。

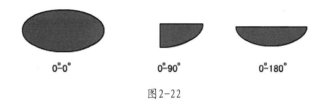

图2-22

图2-23为两个椭圆，左边椭圆的内径为0，右边椭圆的内径为55。

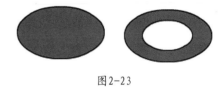

图2-23

图2-24为两个椭圆，左边椭圆使用了闭合路径，而右边则没有使用。

图2-24

3）按住 Shift 键拖动鼠标可以将形状限制为圆形。

（4）基本椭圆工具。用【基本椭圆工具】可以更简捷地创建封闭和半封闭的椭圆形、圆形、扇形和环形。

1）执行【窗口】→【属性】命令，然后在【属性】面板中设置笔触和填充属性。

2）对于基本椭圆工具，通过【属性】面板中的【椭圆选项】来设置"开始角度"、"结束角度"、"内径"和"闭合路径"。

3）在舞台中绘制好一个基本椭圆后，可选择【选择工具】对图形上的控制点进行调整，单击控制点并拖动，如图2-25所示。

图2-25

（5）多角星形工具。用【多角星形工具】可以创建笔触和填充形状。椭圆工具可以用来创建正多边形和星形。

1）执行【窗口】→【属性】命令，然后在【属性】面板中设置笔触和填充属性。

2）对于多角星形工具，可在点击【属性】面板中的【工具设置】选项按钮后，在弹出的【工具设置】对话框中设置"样式"、"边数"和"星形顶点大小"，如图2-26所示。

图2-26

图2-27中，左边图形为边数为5的多边形，右边为边数为5的星形（将样式设置为星形）。

图2-27

图2-28为两个星形，左边星形的顶点大小为0.3，右边的为0.8（星形顶点大小取值范围为0到1）。

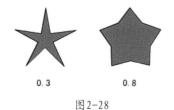

图2-28

2.2.5 刷子工具

【刷子工具】 可绘制类似于刷子的笔触。它可以创建特殊效果，包括书法效果。

（1）执行【窗口】→【属性】命令，然后在【属性】面板中设置填充属性。

（2）在【属性】面板中利用【平滑】来设置笔触的平滑度，如图2-29所示。

图2-29

（3）通过【工具】面板中的"刷子模式"、"刷子大小"和"刷子形状"来自定义笔触效果，如图2-30所示。

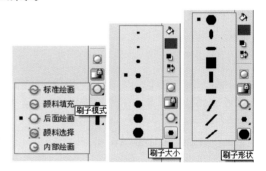

图2-30

"刷子模式"主要是指刷子的绘画区域与别的矢量图形绘画区域之间的叠加效果，图2-31所示为刷子的绘画区域和圆形之间的叠加效果，左边刷子使用"标准绘画"，右边刷子使用"后面绘画"。

图2-31

2.2.6 喷涂刷工具

【喷涂刷工具】可以连续喷出若干个单位图形，好像矢量版的喷枪工具，如图2-32所示。

图2-32

执行【窗口】→【属性】命令，其【属性】面板如图2-33所示。

图2-33

按F11键打开【库】面板，可以发现在库里有一个名为"元件1"的元件，如图2-37所示。

图2-37

【元件】选项区域包括了喷涂的颜色和用来作为喷涂的单位元件【编辑】按钮以及缩放比例。

如果选中【默认形状】，则可通过改变颜色值来改变喷涂出的单位颜色。如图2-34所示是将其颜色改为绿色，然后喷绘的效果。

然后再次选择【喷涂刷工具】，在【属性】面板中单击【编辑】按钮，此时会弹出如图2-38所示的对话框。

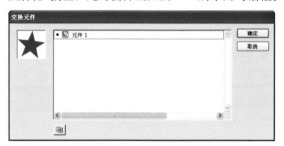

图2-38

图2-34

选择"元件1"，单击【确定】按钮，然后使用【喷涂刷工具】在舞台上随意绘制，结果如图2-39所示。

单击【编辑】按钮，如果库里边没有元件，就会弹出提示框，警告不可用，此时可新创建一个库元件。首先用【多角星形工具】在舞台上绘制一个五角星，如图2-35所示。然后框选中五角星，按F8键，将其保存为影片剪辑，单击确定按钮，如图2-36所示。

图2-35

图2-36

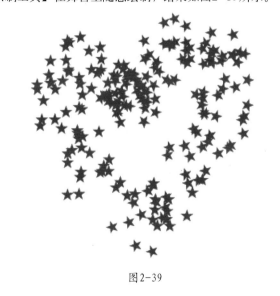

图2-39

此时【属性】面板中会多出几个选项来，如图2-40所示。

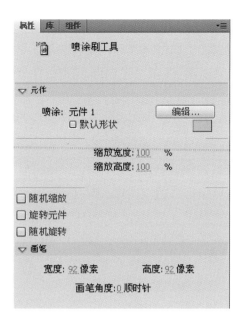

图2-40

◆缩放宽度：对元件的横向缩放比例。

◆缩放高度：对元件的纵向缩放比例。

◆随机缩放：随机对喷绘的单位图形进行缩放，如图2-41所示。

图2-41

◆旋转元件：对元件进行旋转。

◆随机旋转：对元件进行随机旋转。

◆宽度和高度："喷涂刷工具"的喷涂范围。如【宽度】设置为0像素，【高度】设置为50像素，那么喷涂出来的图形就是一个竖条图形。

◆画笔角度：可以对喷涂的基础图形进行角度设置，这样可以模仿在实际情况下的喷涂方向。

2.2.7 Deco工具

【Deco工具】可以通过【绘制效果】下拉菜单从"藤蔓式填充"、"网格填充"和"对称刷子" 三种效果中作出选择，如图2-42所示。

图2-42

（1）藤蔓式填充。利用藤蔓式填充效果，可以用藤蔓式图案填充舞台、元件或封闭区域。通过从库中选择元件，可以替换自己的叶子和花朵插图。生成的图案将包含在影片剪辑中，而影片剪辑本身包含组成图案的元件。

选择【Deco工具】，然后从【属性】面板中选择"藤蔓式填充"效果。单击拾色器，为叶子和化选择一种颜色，然后单击舞台任意位置。使用藤蔓图案填充所单击的区域，直至延伸到边界，如图2-43所示。单击舞台中的某个形状只会填充一个藤蔓图案，如图2-44所示。

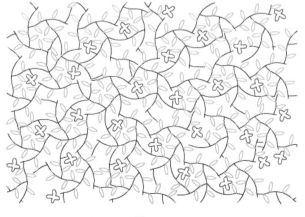

图2-43

图2-44

如果自定义花的样式，可以先在舞台上绘制一朵简单的花，如图2-45所示。

图2-45

选中该花，按F8键，将其保存为影片剪辑，如图2-46所示，然后单击【确定】按钮。

图2-46

在【属性】面板的【花】选项中单击【编辑】按钮，在弹出的对话框中选择"元件1"，如图2-47所示，单击【确定】按钮。

图2-47

删除舞台上所有的图形，然后选择【Deco工具】，在舞台任意处单击，效果如图2-48所示。

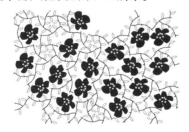

图2-48

用相同方法可以对叶子和分支来自定义藤蔓效果。

图2-49所示为不同分支角度的藤蔓，其分支角度分别为0°、45°和90°。

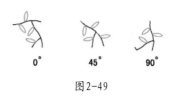

图2-49

图2-50所示为图案缩放为50%的效果。缩放只对默认图形有效，对自定义元件图形无效。

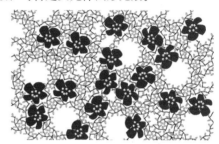

图2-50

图2-51所示为段长度分别为0.1、0.25和0.9的藤蔓，段长度决定了枝叶的浓密程度和藤蔓的延伸程度。

图2-51

图2-52和图2-53所示为选中"动画图案"后分别设置其"帧步骤"为12和24。动画图案模式可以将【Deco工具】绘制的图形转化为动画，通过帧步骤来调整播放速度。

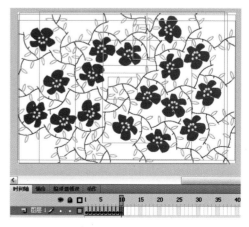

图2-52

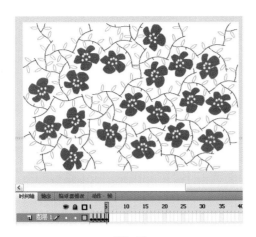

图2-53

（2）网格填充。使用网格填充效果，可以用库中的元件填充舞台、元件或封闭区域。将网格填充绘制到舞台后，如果移动填充元件或调整其大小，则网格填充将随之移动或调整大小。

选择【Deco工具】，然后从【属性】面板中选择"网格填充"效果。单击拾色器，为网格选择一种颜色，然后单击舞台任意位置，如图2-54所示。

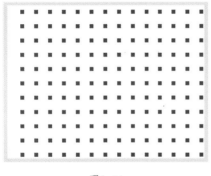

图2-54

和"藤蔓式填充"一样，可以单击【编辑】按钮来自定义填充单位。

图2-55所示为调整水平间距为1.50像素、垂直间距为1.50像素和图案缩放为50%后重新绘制的效果。

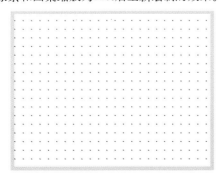

图2-55

（3）对称刷子。使用对称效果，可以围绕中心点对称排列元件。在舞台上绘制元件时，将显示一组手柄。可以使用手柄通过增加元件数、添加对称内容或者编辑和修改效果的方式来控制对称效果。

选择【Deco工具】，然后从【属性】面板中选择"对称刷子"效果。舞台中将显示一组特定角度的手柄。您可以使用这些手柄为对称增加形状或旋转整个组。

选中"对称刷子"效果时，单击拾色器并为对称选择一种颜色，然后单击舞台任意位置（对称手柄除外），将为对称添加一个默认形状，如图2-56所示。

图2-56

单击并拖动手柄末端的小圆圈，来回拖动两个手柄中较短的那个可以增减对称中的形状数量。然后，以相同方式拖动较长的那个手柄，整个对称会旋转。单击舞台可继续为对称增加新形状，如图2-57所示。

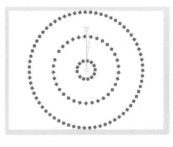

图2-57

和"藤蔓式填充"一样，可以单击【编辑】按钮来自定义模块单位。

以下是对于【属性】面板中的【高级选项】的说明。

◆绕点旋转：围绕指定的固定点旋转对称中的形状。默认参考点是对称的中心点。若要围绕对象的中心点旋转对象，请按圆形运动进行拖动。

◆跨线反射：跨指定的不可见线条等距离翻转形状。

◆跨点反射：围绕指定的固定点等距离放置两个形状。

◆网格平移：使用按对称效果绘制的形状创建网格。每次在舞台上单击【Deco工具】都会创建形状网格。使用由对称刷子手柄定义的x和y坐标可调整这些形状的高度和宽度。

◆测试冲突：不管如何增加对称效果内的实例数，都可防止绘制的对称效果中的形状相互冲突。取消选中此选项后，会将对称效果中的形状重叠。

2.2.8 钢笔工具

使用钢笔工具可以绘制出精确的路径（如直线或平滑流畅的曲线）。使用钢笔工具绘画时，单击可以创建直线段上的点，而拖动可以创建曲线段上的点，可以通过调整线条上的点来调整直线段和曲线段。

选择【钢笔工具】，如图2-58所示。

图2-58

在舞台上任意处单击，以确定起始点，在别处再次单击，此时会出现一条直线，如图2-59所示。

图2-59

通过不断单击来创建锚点，以确定所要绘制的图形，如图2-60所示。

图2-60

若要完成一条开放路径，请双击最后一个点。

若要闭合路径，请将钢笔工具定位在第一个（空心）锚点上。当位置正确时，钢笔工具指针旁边将出现一个小圆圈。单击或拖动它可以闭合路径。

（1）用钢笔工具绘制曲线。若要创建曲线，请在曲线改变方向的位置处添加锚点，并拖动构成曲线的方向

线。方向线的长度和斜率决定了曲线的形状。

1）选择【钢笔工具】，将钢笔工具定位在曲线的起始点，并按住鼠标按键。此时会出现第一个锚点，同时钢笔工具指针变为箭头（图2-61）。

2）拖动设置要创建曲线段的斜率，然后松开鼠标按键。按住Shift键可将工具限制为45°的倍数。

图2-61

A-定位钢笔工具； B-开始拖动（鼠标按键按下）； C-拖动以延长方向线

3）将钢笔工具定位到曲线段结束的位置，如图2-62所示。

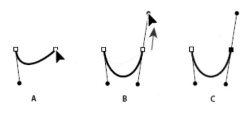

图2-62

A-开始拖动第二个平滑点； B-远离上一方向线方向拖动，创建C形曲线； C-松开鼠标按键后的结果

若要创建S形曲线，请以上一方向线相同方向拖动，然后松开鼠标按键，如图2-63所示。

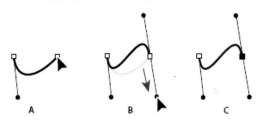

图2-63

A-开始拖动新的平滑点； B-往前一方向线的方向拖动，创建S形曲线； C-松开鼠标按键后的结果

4）若要创建一系列平滑曲线，请继续从不同位置拖动钢笔工具。将锚点置于每条曲线的开头和结尾，而不放在曲线的顶点。若要断开锚点的方向线，请按住Alt键拖动方向线。

（2）添加或删除锚点。添加锚点可以更好地控制路径，也可以扩展开放路径。若要添加锚点，请选择【添加锚点工具】后将指针定位到路径上单击，如图2-64所示。

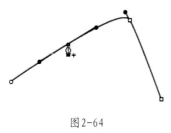

图2-64

删除锚点可以删除曲线路径上不必要的锚点，可以优化曲线并缩小所得到的SWF文件的大小。若要删除锚点，请选择【删除锚点工具】后将指针定位到路径上所要删除的锚点上单击，如图2-65所示。

图2-65

（3）调整线段。移动平滑点上的切线手柄时，可以调整该点两边的曲线。移动转角点上的切线手柄时，只能调整该点的切线手柄所在的那一边的曲线。

若要调整直线段，请选择【部分选取工具】，然后选择直线段。 使用部分选取工具可以将线段上的锚点拖动到新位置，如图2-66示。

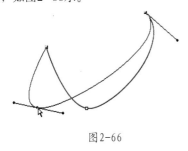

图2-66

若要移动曲线段位置，请选择【部分选取工具】，然后单击拖动。

若要调整曲线上的点或切线手柄，请选择【部分选取工具】，然后选择曲线段上的锚点。

若要调整锚点两边的曲线形状，请拖动该锚点，或者拖动切线手柄。

2.2.9 颜料桶工具

颜料桶主要用于对封闭或半封闭区域和现有对象进行颜色填充，其中颜色的填充方式分为"纯色"、"线性"、"放射状"和"位图"。

在【工具】面板中选择【矩形绘制工具】，在舞台上绘制一矩形，然后在【工具】面板中选择填充色（任意色，只要与当前色不同即可），再选择【颜料桶工具】，此时会出现一小桶的图标，将其移至矩形上方，单击矩形，如图2-67所示。操作完后，会发现矩形填充成了别的颜色。

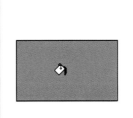

图2-67

用【椭圆工具】绘制一椭圆，然后单击椭圆中的填充颜色，按Back Space键或Delete键将填充色删除，只留下边框，再选择【颜料桶工具】并选择相应的颜色，对这个椭圆区域进行填充，如图2-68所示。

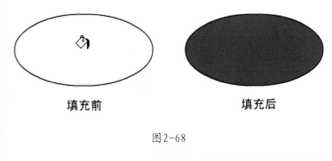

填充前　　　　　　　填充后

图2-68

用【铅笔工具】在舞台上绘制如图2-69所示的一个不完全封闭路径，然后选择【颜料桶工具】并选择相应的颜色，对此路径围成的区域进行填充。

图2-69

此时可能会发现不能将其填充，请在【工具】面板中的【空隙大小】中选择"封闭中等空隙"选项，如图2-70所示，重新填充，如果还不能填充的话，就选择"封闭大空隙"或将舞台比例缩到50%后，重新填充。

图2-70

在【工具】面板中选择【矩形绘制工具】，在舞台上绘制一矩形，执行【窗口】→【颜色】命令；打开【颜色】面板，如图2-71所示，选择类型为"线性"，并选择相应的两种过渡颜色和其Alpha值，然后用【颜料桶工具】给此矩形重新填充颜色。

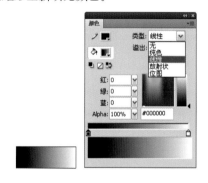

图2-71

用同样方法，在【颜色】面板中选择类型为"放射状"，然后对矩形进行颜色填充，效果如图2-72所示。

图2-72

对于线性填充和放射性填充，可能会达不到预期的效果。如果需要对填充的效果进行调整，请选择【渐变变形工具】，然后单击要修改的图形，如图2-73所示。

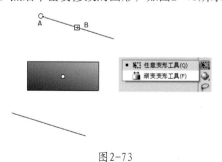

图2-73

通过旋转A点来改变填充的方向，通过移动B点来改变调整色彩的过渡程度。

对于放射性填充来说，操作基本相同，如图2-74所示。

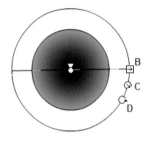

图2-74

A—中心点；　　B—焦点；　　C—大小；　　D—旋转

【颜料桶工具】也可以用位图来作为填充。首先执行【文件】→【导入】→【导入到库】命令，在弹出的对话框中选择要导入的图片，导入完毕后，按F11键，可以看到【库】面板中出现导入的图片元件，然后执行【窗口】→【颜色】命令打开颜色面板，将类型设置为"位图"，然后用【颜料桶工具】对现有的图形进行填充，如图2-75所示。

图2-75

此外，还可以锁定渐变色或位图填充，使填充看起来好像扩展到整个舞台，并且使该填充涂色的对象好像是显示下面的渐变或位图的遮罩。

当随刷子或颜料桶工具选择了【锁定填充】功能键并用该工具涂色的时候，位图或者渐变填充将扩展覆盖在舞台中涂色的对象，如图2-76所示。

图2-76

使用【锁定填充】功能键可以创建应用于舞台上独立对象的单个渐变或者位图填充的外观。

2.2.10 墨水瓶工具

墨水瓶工具用于对图形对象的边框着色，既可以为无边框的图形添加边框，也可以修改图形已有边框的颜色，如图2-77所示。

图2-77

2.2.11 滴管工具

滴管工具主要用于获取舞台上任意图形的像素或整个位图像素，用于新的填充。

对整个位图像素的提取，必须将该位图打散（通过【文件】→【导入】→【导入到舞台】命令导入一位图，然后选中位图，按Ctrl+B组合键打散），然后用【滴管工具】提取。

2.2.12 橡皮擦工具

【橡皮擦工具】 主要用来擦除图形上的笔触或填充。

双击【工具】面板中的【橡皮擦工具】，会擦除舞台上所有类型的内容。

选择【橡皮擦工具】，再单击【水龙头】 功能键，然后单击要删除的笔触段或填充区域。

选择橡皮擦工具，单击【橡皮擦模式】功能键（图2-78）并选择一种擦除模式。

图2-78

◆标准擦除：擦除同一层上的笔触和填充。

◆擦除填色：只擦除填充，不影响笔触。

◆擦除线条：只擦除笔触，不影响填充。

◆擦除所选填充：只擦除当前选定的填充，不影响笔触（不论笔触是否被选中）（以这种模式使用橡皮擦工具之前，请选择要擦除的填充）。

◆内部擦除：只擦除橡皮擦笔触开始处的填充。如果从空白点开始擦除，则不会擦除任何内容。 以这种模式使用橡皮擦并不影响笔触。

同时你也可以选择相应的橡皮擦形状（图2-79），以方便快速擦除。

图2-79

2.2.13 套索工具

套索工具是一种选取工具，使用的时候不是很多，主要用于处理位图。

选择【套索工具】后，会出现【魔术棒】、【魔术棒设置】和【多边形模式】，如图2-80所示。

图2-80

在场景里随意画一图形，选择【套索工具】→【多边形模式】命令，按需要单击鼠标，当得到你需要的选择区域时，双击鼠标自动封闭图形，如图2-81所示。

图2-81

通过【文件】→【导入】→【导入到舞台】命令导入一位图，如图2-82所示，然后选中位图，按Ctrl+B组合键将其打散。

图2-82

图2-85

选择【套索工具】，然后选择【魔术棒设置】，设置【阈值】为"30"，【平滑】为"平滑"，如图2-83所示。

图2-83

◆阈值：输入一个介于1和200之间的值，用于定义将相邻像素包含在所选区域内必须达到的颜色接近程度。数值越高，包含的颜色范围越广。如果输入0，则只选择与单击的第一个像素的颜色完全相同的像素。

◆平滑：选择一个选项来定义选区边缘的平滑程度。

选择【魔术棒】连续单击图片周围的蓝色区域，如图2-84所示。

图2-84

然后选择【选择工具】，单击被选区域并将其拖到一边，如图2-85所示。可以看出【魔术棒】有帮助分离位图一部分像素的功能。

2.2.14 任意变形工具

【任意变形工具】 ▥：用来对现有图形进行移动、旋转、缩放、倾斜和扭曲等操作。

◆要移动所选内容，将指针放在边框内的对象上，然后将该对象拖动到新位置。

◆要设置旋转或缩放的中心，请将变形点拖到新位置，如图2-86所示。

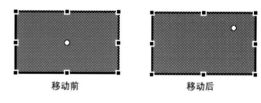

移动前　　　　　　移动后

图2-86

◆要旋转所选内容，将指针放在角手柄的外侧，然后拖动。所选内容即可围绕变形点旋转。按住Shift键并拖动，可以以45°为增量进行旋转。

◆若要围绕对角旋转，请按住Alt键并拖动。

◆要缩放所选内容，沿对角方向拖动角手柄可以沿着两个方向缩放尺寸。按住Shift键拖动可以按比例调整大小。

◆水平或垂直拖动角手柄或边手柄可以沿各自的方向进行缩放。

◆要倾斜所选内容，将指针放在变形手柄之间的轮廓上，然后拖动。

◆要扭曲形状，按住Ctrl键拖动角手柄或边手柄。

◆若要锥化对象，即将所选的角及其相邻角从它们的原始位置一起移动相同的距离，请同时按住 Shift+Ctrl 组合键并单击和拖动角手柄。

2.2.15 文本工具

【文本工具】**T**用来添加文本内容。

选择【文本工具】后，单击舞台输入相关文字信息，如图2-87所示。

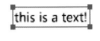

图2-87

选中该文本，按Ctrl+F3组合键打开【属性】面板，如图2-88所示。

图2-88

文本类型包括"静态文本"、"动态文本"和"输入文本"三种类型，默认类型为"静态文本"。

◆静态文本：创建一个无法动态更新的字。

◆动态文本：创建一个显示动态更新的文本的字段。

◆输入文本：创建一个供用户输入文本的字段。

选中文本字段时将显示手柄，可以拖曳这些手柄来改变文本的大小，如图2-89所示。

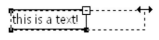

图2-89

对于【字符】选项，各个属性作用如下。

◆系列：文本的字体类型，字体类型与本机所带的字体类型相关。

◆样式：字体的现实样式，其中包括"窄体"、"普通"、"斜体"、"粗体"、"粗斜体"和"黑体"。

◆大小：字体的大小，可以拖动热文本进行大小改变，也可以单击输入具体的值。

◆字母间距：单个字之间的间距，可以拖动热文本进行改变，也可以单击输入具体的值。

◆颜色：文本的颜色。

◆自动调整字距：自动使用字体的内置字距调整。

◆消除锯齿：类型如下。

●使用设备字体：指定SWF文件使用本地计算机上安装的字体来显示字体。通常，设备字体采用大多数字体大小时都很清晰。尽管此选项不会增加SWF文件的大小，但会使字体显示依赖于用户计算机上安装的字体。 使用设备字体时，应选择最常安装的字体系列。

●位图文本（无消除锯齿）：关闭消除锯齿功能，不对文本提供平滑处理。用尖锐边缘显示文本，由于在SWF文件中嵌入了字体轮廓，因此增加了SWF文件的大小。位图文本的大小与导出大小相同时，文本比较清晰，但对位图文本缩放后，文本显示效果比较差。

●动画消除锯齿：通过忽略对齐方式和字距微调信息来创建更平滑的动画。此选项会导致创建的SWF文件较大，因为嵌入了字体轮廓。为提高清晰度，应在指定此选项时使用10磅或更大的字号。

●可读性消除锯齿：使用Flash文本呈现引擎来改进字体的清晰度，特别是较小字体的清晰度。此选项会导致创建的SWF文件较大，因为嵌入了字体轮廓。

●自定义消除锯齿：可以用来修改字体的属性。使用"清晰度"可以指定文本边缘与背景之间的过渡的平滑度。使用"粗细"可以指定字体消除锯齿转变显示的粗细。

◆文本可选**AB**：用于文本是否可以选择。

◆将文本呈现为HTML◇：如果选择此项（仅动态文本和输入文本可用），则文本可支持HTML格式的文本内容。

◆在文本周围显示边框▣：在文本周围显示边框色，边框色默认为黑色。

◆切换上标**T'**和切换下标**T,**：默认位置是"正常"。"正常"将文本放置在基线上，"上标"将文本放置在基线之上（水平文本）或基线的右侧（垂直文本），"下标"将文本放置在基线之下（水平文本）或基线的左侧（垂直文本）。

对于【段落】选项，各个属性作用如下。

◆格式：用于选择文本内容的对齐方式，包括"左对齐"、"居中对齐"、"右对齐"和"两端对齐"。

◆间距：用于调整段落的水平缩进和行间距。

◆边距：用于调整整个文本内容的左右边距。

◆行为：用于选择文本的显示类型，具体包括：

●单行：将文本显示为一行。

●多行：将文本显示为多行。

●多行不换行：将文本显示为多行，并且仅当最后一个字符是换行字符（如 Enter）时，才换行。

◆方向：用于文本字体的显示方向，包括"水平"、"垂直（从左向右）"和"垂直（从右向左）"。

对于【选项】选项，各个属性作用如下：

◆链接：用于给现有文本内容添加链接地址。

◆目标：链接弹出窗口的类型，具体包括如下：

●_self：指定当前窗口。

●_blank：指定一个新窗口。

●_parent：指定框架中的父窗口。

●_top：指定框架中的顶级窗口。

课后习题

一、填空题

1. 用_____工具可以绘制出五角星。

2. 用_____工具填充封闭图形的内部区域。

二、选择题

1. 椭圆工具能绘制（ ）。

    A. 矩形   B. 多边形   C. 扇形   D. 五角星

2. 用（ ）工具填充图形的轮廓颜色。

    A. 放大工具   B. 选择工具   C. 墨水瓶工具   D. 钢笔工具

三、上机操作题

练习绘制一面简单的五星红旗。

第3章 绘制图形与滤镜使用 ⫸

学习目标

通过本章的学习，加深对图形绘制技巧和滤镜的了解。

能力目标

能够灵活使用绘图工具来绘制出所需的各种图形，熟练掌握滤镜的使用，并尝试用滤镜来辅助绘画。

本章主要以实例形式来介绍Flash的图形绘制。通过本章的学习，可以了解矢量图的特点，并进一步掌握Flash中各种图形绘制的基本使用方法以及综合利用各种绘图工具创建复杂图形的技巧。

▓ 3.1 绘制图形

3.1.1 绘制月牙

（1）执行【文件】→【新建】命令，新建一个文件，在属性面板中设置文件宽、高为默认的550像素×400像素，背景色为黑色。

（2）在【工具】面板中选择【椭圆工具】，按住Shift键在舞台上绘制一圆形，用黄色（色值为#FFFF00）填充，边框色任意，绘制效果如图3-1所示。

图3-1

（3）用【选择工具】框选住该圆形后，按住Ctrl键并拖动圆形来复制出一个同样的圆形，如图3-2所示。

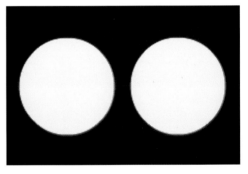

图3-2

（4）用【选择工具】框选住右边的圆形，调整位置，使其和左边的圆形重叠，效果如图3-3所示。

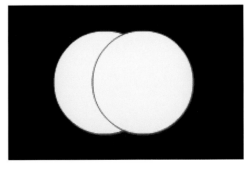

图3-3

（5）用【选择工具】选择右边圆形的填充内容，然后按Back Space键，将其中的填充色删除，如图3-4所示。

图3-4

（6）用【选择工具】双击边框，按Back Space键，将其所有边框删除，最终效果如图3-5所示。

图3-5

3.1.2 绘制红心

（1）执行【文件】→【新建】命令，新建一个文件，在属性面板中设置其宽、高为默认的550像素×400像素，背景色为黑色。

（2）在【工具】面板中选择【椭圆工具】，按住Shift键在舞台上绘制一圆形，用红色填充，无边框色，绘制效果如图3-6所示。

图3-6

（3）用【选择工具】框选住该圆形后，按住Ctrl键并拖动圆形来复制出一个同样的圆形，如图3-7所示。

图3-7

（4）用【选择工具】选择下方凹进的点，然后向下拖动，如图3-8和图3-9所示。

图3-8

图3-9

（5）用【选择工具】调整两边的线条，使其变得更加平滑，如图3-10所示。

图3-10

（6）如果调整过程中出现不理想的效果，可以按Ctrl+Z组合键退回重新调整。最终效果如图3-11所示。

图3-11

3.1.3 绘制台球

（1）执行【文件】→【新建】命令，新建一个文件，在属性面板中设置其宽、高为默认的550像素×400像素，背景色为绿色。

（2）在【工具】面板中选择【椭圆工具】，按住Shift键在舞台上绘制一圆形，用任意色填充，边线选择任意色，如图3-12所示。

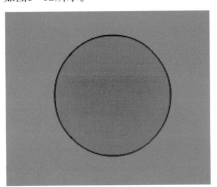

图3-12

（3）用【选择工具】单击该圆形的边框，选中后按Back Space键，将边框删除，如图3-13所示。

图3-13

（4）选中该圆形，并通过【窗口】→【颜色】命令打开【颜色】面板，在其中将填充【类型】选为"放射状"，然后调整起始色为灰色（色值为#666666），结束色为黑色，如图3-14所示。

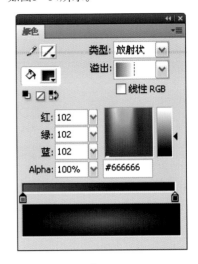

图3-14

（5）在【工具】面板中选择【颜料桶工具】，对圆形进行填充，如图3-15所示。

图3-15

（6）在【工具】面板中选择【填充变形工具】，单击圆形，对其填充进行修改，如图3-16所示。

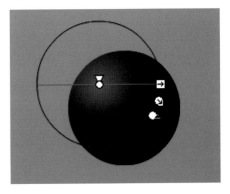

图3-16

（7）在【时间轴】面板中锁定图层1，如图3-17所示。

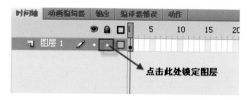

图3-17

（8）新建图层2并将其选中，然后用【椭圆工具】在舞台中绘制一圆形，填充色为白色，绘制完后取其边框，如图3-18所示。

图3-18

（9）锁定图层2，新建图层3并将其选中，在【工具】面板中选择【文本工具】，文字颜色选为黑色，字体为Arial，样式为Black。在白色圆形上输入8，调整文字大小和位置，如图3-19所示。

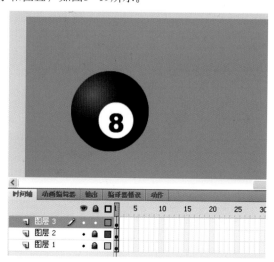

图3-19

3.1.4 绘制水晶按钮

（1）执行【文件】→【新建】命令，新建一个文件，在属性面板中设置其宽、高为默认的550像素×400像素，背景色为白色。

（2）在【工具】面板中选择【椭圆工具】，按住Shift键在舞台上绘制一圆形，用黑色填充，无边框色，绘制效果如图3-20所示。

图3-20

（3）用【选择工具】选中该圆形上半部分，单击鼠标右键，在弹出的快捷菜单中选择"复制"（或直接用Ctrl+C组合键进行复制），如图3-21所示。

图3-21

（4）锁定图层1，新建图层2并将其选中，在舞台上单击鼠标右键，在弹出的快捷菜单中选择"粘贴到当前位置"，如图3-22所示。

图3-22

（5）执行【窗口】→【颜色】命令打开【颜色】面板，将【类型】设为"线性"，起始颜色为白色，【Alpha】为100%，结束颜色为白色，Alpha为0%，如图3-23所示。

图3-23

（6）用【选择工具】对此图形进行变形（拖动底边直线，稍微向左下方拖动），最后效果如图3-24所示。

图3-24

（7）在【工具】面板中选择【渐变变形工具】，选中该图形，对其填充进行调整，如图3-25所示。

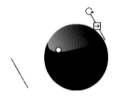

图3-25

（8）选中该图形，按向下↓键，将其稍微向下移动一点，效果如图3-26所示。

图3-26

（9）锁定图层2，新建图层3并将其选中，选择【多角星形工具】，在【属性】面板中设置颜色为紫色（色值为#9800FF），无边框色，并在【工具设置】中单击【选项】按钮，在弹出的对话框中选择【样式】为"星形"，【边数】为"5"，【星形顶点大小】为"0.50"，如图3-27所示。

图3-27

（10）设置完毕后，在舞台上绘制一星形，效果如图3-28所示。

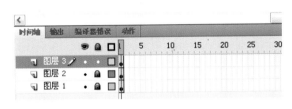

图3-28

（11）单击图层3，将其向下拖动到图层2下边，如图3-29所示。

图3-29

（12）最终效果如图3-30所示。

图3-30

3.1.5 绘制云彩

（1）执行【文件】→【新建】命令，新建一个文件，在属性面板中设置其宽、高为默认的550像素×400像素，背景色为蓝色（色值为#3265FF）。

（2）在【工具】面板中选择【铅笔工具】，笔触颜色任意，铅笔模式选为"墨水"，绘制效果如图3-31所示。

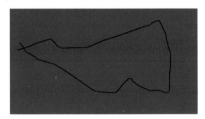

图3-31

（3）执行【窗口】→【颜色】命令，打开【颜色】面板，将【类型】设为"纯色"，【颜色】为白色，【Alpha】为"12%"，如图3-32所示。

图3-32

（4）在【工具】面板中选择【颜料桶工具】，为舞台上的图形填充颜色，效果如图3-33所示。

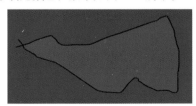

图3-33

（5）用【选择工具】双击边框，按Back Space键将边框删除，然后选中图形，按Ctrl+G组合键，将图形成组，效果如图3-34所示。

图3-34

（6）选中该图形，按住Ctrl键拖动图形进行复制，反复操作，复制出多个图形，效果如图3-35所示。

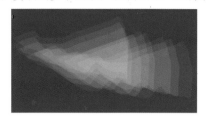

图3-35

（7）用【选择工具】将这些图形框选中，按F8键将其保存为影片剪辑，如图3-36所示。

图3-36

（8）选中该影片剪辑，在【属性】面板中的【滤镜】选项中单击左下角按钮，在弹出的菜单中选择【模糊】，如图3-37所示。

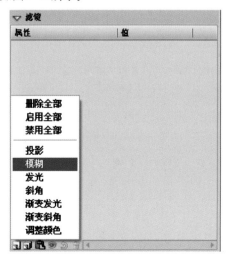

图3-37

（9）在【模糊】选项中，设置"模糊X"和"模糊Y"均为50，品质为"低"，如图3-38所示。

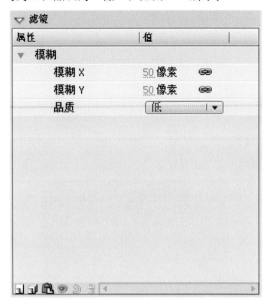

图3-38

（10）最后的效果如图3-39所示。

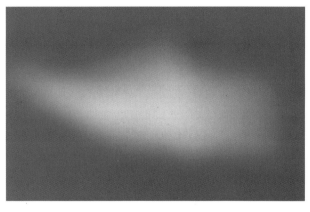

图3-39

3.2 滤镜使用

前面在制作云彩时用到了模糊滤镜，了解了模糊滤镜的基本功能和用法，在Flash中除模糊滤镜外还有其他很多滤镜，这一节将全面细致地介绍滤镜的功能和用法。

3.2.1 关于滤镜的使用

滤镜用于为文本、按钮和影片剪辑添加有趣的视觉效果。选择要添加滤镜的对象，然后打开【属性】面板，在【滤镜】选项中为其添加相应的滤镜效果，如图3-40所示。

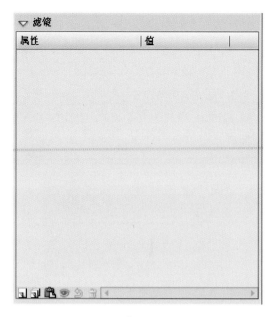

图3-40

◆添加滤镜按钮：单击此按钮后，在弹出的菜单中选择要添加的滤镜。

◆预设滤镜按钮：单击此按钮后弹出菜单，如图3-41所示。

图3-41

如果现在已有添加的滤镜，那么选择菜单中的"另存为"便可将此滤镜预存起来，比如将现在添加的滤镜另存为"我的投影"，那么下一次单击预存按钮时，便会弹出如图3-42所示的菜单。

图 3-42

选择菜单中的"重命名",在弹出的对话框中,双击要重命名的滤镜对其进行重命名,如图3-43所示。

图 3-43

选择菜单中的"删除",在弹出的对话框中,选择要删除的滤镜,然后单击【删除】按钮进行删除,如图3-44所示。

图 3-44

单击【剪贴板】按钮弹出菜单,如图3-45所示。

图 3-45

选择要复制的滤镜,在菜单中选择"复制所选"。若要复制所有滤镜,请选择"复制全部"。

选择要应用滤镜的对象,在菜单中选择"粘贴"。

◆【启用和禁用滤镜】按钮 ：选择相关滤镜,单击此按钮将对此滤镜启用或禁用。

◆【重置滤镜】按钮 ：单击此按钮将滤镜的各个属性值设置为原始默认值。

◆【删除滤镜】按钮 ：选择相关滤镜,单击此按钮将此滤镜删除。

3.2.2 投影滤镜

投影滤镜模拟对象投影到一个表面的效果。效果如图3-46所示。

图 3-46

◆若要设置投影的宽度和高度,请设置"模糊X"和"模糊Y"值。

◆若要设置阴影暗度,请设置"强度"值。数值越大,阴影就越暗。

◆选择投影的质量级别。设置为"高"则近似于高斯模糊,设置为"低"可以实现最佳的回放性能。

◆若要设置阴影的角度,请输入一个值"角度"。

◆若要设置阴影与对象之间的距离,请设置"距离"值。

◆选择"挖空"可挖空(即从视觉上隐藏)源对象,并在挖空图像上只显示投影。

◆若要在对象边界内应用阴影,请选择"内侧阴影"。

◆若要隐藏对象并只显示其阴影,请选择"隐藏对象"。使用"隐藏对象"可以更轻松地创建逼真的阴影。

◆若要打开颜色选择器并设置阴影颜色,请单击"颜色"控件。

3.2.3 模糊滤镜

模糊滤镜可以柔化对象的边缘和细节。将模糊应用于对象,可以使对象产生模糊或运动效果,如图3-47所示。

Text...

图 3-47

◆若要设置模糊的宽度和高度,请设置"模糊X"和"模糊Y"值。

◆选择模糊的质量级别。设置为"高"则近似于高斯模糊，设置为"低"可以实现最佳的回放性能。

3.2.4 发光滤镜

发光滤镜可以为对象的周边应用颜色，效果如图3-48所示。

Text...

图3-48

◆若要设置发光的宽度和高度，请设置"模糊 X"和"模糊Y"值。

◆若要打开颜色选择器并设置发光颜色，请单击"颜色"控件。

◆若要设置发光的清晰度，请设置"强度"值。

◆若要挖空（即从视觉上隐藏）源对象并在挖空图像上只显示发光，请选择"挖空"。

◆若要在对象边界内应用发光，请选择"内侧发光"。

◆选择发光的质量级别。设置为"高"则近似于高斯模糊，设置为"低"可以实现最佳的回放性能。

3.2.5 斜角滤镜

斜角滤镜可以为对象的周边应用颜色，效果如图3-49所示。

Text...

图3-49

◆若要设置斜角的类型，请从"类型"菜单中选择一个斜角。

◆若要设置斜角的宽度和高度，请设置"模糊X"和"模糊Y"值。

◆从弹出的调色板中，选择斜角的阴影和加亮颜色。

◆若要设置斜角的不透明度而不影响其宽度，请设置"强度"值。

◆若要更改斜边投下的阴影角度，请设置"角度"值。

◆若要定义斜角的宽度，请在"距离"中输入一个值。

◆若要挖空（即从视觉上隐藏）源对象并在挖空图像上只显示斜角，请选择"挖空"。

3.2.6 渐变发光滤镜

渐变发光滤镜，可以在发光表面产生带渐变颜色的发光效果。渐变发光要求渐变开始处颜色的Alpha值为0。用户不能移动此颜色的位置，但可以改变该颜色。效果如图3-50所示。

Text...

图3-50

◆从【类型】下拉菜单中，选择要为对象应用的发光类型。

◆若要设置发光的宽度和高度，请设置"模糊X"和"模糊Y"值。

◆若要设置发光的不透明度而不影响其宽度，请设置"强度"值。

◆若要更改发光投下的阴影角度，请设置"角度"值。

◆若要设置阴影与对象之间的距离，请设置"距离"值。

◆若要挖空（即从视觉上隐藏）源对象并在挖空图像上只显示渐变发光，请选择"挖空"。

◆指定发光的渐变颜色。渐变包含两种或多种可相互淡入或混合的颜色。选择的渐变开始颜色称为Alpha颜色。

◆若要更改渐变中的颜色，从渐变定义栏下面选择一个颜色指针，然后单击渐变栏下方紧邻着它显示的颜色空间以显示"颜色选择器"。滑动这些指针，可以调整该颜色在渐变中的级别和位置。要向渐变中添加指针，请单击渐变定义栏或渐变定义栏的下方。若要创建多达15种颜色转变的渐变，全部添加15个颜色指针。要重新放置渐变上的指针，请沿着渐变定义栏拖动指针。若要删除指针，请将指针向下拖离渐变定义栏。

◆选择渐变发光的质量级别。设置为"高"则近似于高斯模糊，设置为"低"可以实现最佳的回放性能。

3.2.7 渐变斜角滤镜

应用渐变斜角滤镜可以产生一种凸起效果，使得对象看起来好像从背景上凸起，且斜角表面有渐变颜色。渐变斜角要求渐变的中间，有一种颜色的Alpha值为0。效果如图3-51所示。

Text...

图3-51

◆从【类型】下拉菜单中选择要为对象应用的斜角类型。

◆若要设置斜角的宽度和高度，请设置"模糊X"和"模糊Y"值。

◆若要影响斜角的平滑度而不影响其宽度，请为"强度"输入一个值。

◆若要设置光源的角度，请为"角度"输入一个值。

◆若要挖空（即从视觉上隐藏）源对象并在挖空图像上只显示渐变斜角，请选择"挖空"。

◆指定斜角的渐变颜色。渐变包含两种或多种可相互淡入或混合的颜色。中间指针控制渐变的Alpha 颜色。可以更改Alpha指针的颜色，但是无法更改该颜色在渐变中的位置。

3.2.8 调整颜色滤镜

使用调整颜色滤镜可以很好地控制所选对象的颜色属性，包括对比度、亮度、饱和度和色相。图3-52和图3-53分别为使用此滤镜前后的效果。

Text...

图3-52

Text...

图3-53

◆对比度：调整图像的加亮、阴影及中调。

◆亮度：调整图像的亮度。

◆饱和度：调整颜色的强度。

◆色相：调整颜色的深浅。

课后习题

一、填空题

1. _____滤镜可以柔化对象的边缘和细节。

2. 应用_____滤镜可以产生一种凸起效果。

二、选择题

1. 可以产生阴影效果的滤镜是（　　）。

    A. 模糊滤镜　　　　　　　B. 渐变斜角滤镜

    C. 投影滤镜　　　　　　　D. 发光滤镜

2. 用（　　）工具可以方便地修改图形的局部形状。

    A. 钢笔工具　　　　　　　B. 选择工具

    C. 喷涂刷工具　　　　　　D. 铅笔工具

三、上机操作题

练习绘制一枝玫瑰花。

第4章 基本动画 ▍

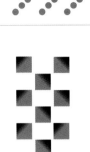

学习目标

通过本章的学习，对动画的实现原理有所了解并掌握使用时间轴来创建基本动画。

能力目标

能够熟练掌握逐帧动画、补间动画、形状补间、传统补间和IK骨架动画制作方法和综合应用。

创建动画是Flash最主要的一项功能，Flash诞生的初衷也是作动画。本章主要介绍帧的概念、动画的实现原理和制作流程、基本的动画类型以及常见动画的制作方法。

▍ 4.1 时间轴面板 ▍

【时间轴】面板主要由播放指针、图层、帧、绘画纸工具、播放时间、帧频以及帧浏览选项等组成，如图4-1所示。

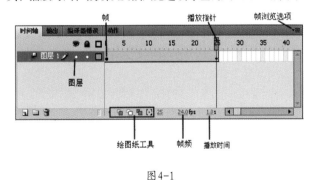

图4-1

◆播放指针：用于指示某一帧为当前帧。

◆图层：可以帮助组织文档中的插图。可以在图层上绘制和编辑对象，而不会影响其他图层上的对象。在图层上没有内容的舞台区域中，可以透过该图层看到下面的图层。

◆帧：与电影胶片一样，Flash文档也将时长分为帧。在时间轴中，使用这些帧来组织和控制文档的内容。

在时间轴中放置帧的顺序将决定帧内对象在最终内容中的显示顺序。

◆绘图纸工具：用于查看动画在每个帧状态下的相对位置，比如单击【绘图纸外观】按钮 ，效果如图4-2所示。

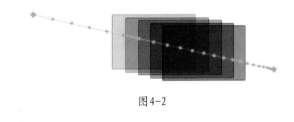

图4-2

◆帧频：用来控制动画播放的速度，即每秒播放多少帧。

◆播放时间：第一帧到当前帧之间的播放时间间隔。

◆帧浏览选项：用于采用不同形式来显示帧 ，单击面板右上角的按钮，弹出菜单如图4-3所示。

图4-3

4.2 图层及其操作

图层就像透明薄片一样，在舞台上一层层地叠加，在图层的无内容区域中，可以看到下面图层的内容。Flash动画一般由若干图层组成，每个图层上都可以有各自独立的图形和动画，这些图层按特定顺序叠加起来，在播放时就形成了特定的动画效果。

4.2.1 添加图层

单击【时间轴】面板左下角的【新建图层】按钮，便可以新建一图层，如图4-4所示。

图4-4

4.2.2 重命名图层

选择某一图层，双击该图层名称，然后输入新的图层名即可，如图4-5所示。

图4-5

4.2.3 调整图层的次序

选择某一图层，然后上下拖动来调整它的位置，如图4-6所示。

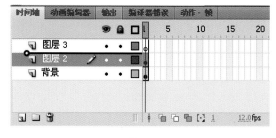

图4-6

4.2.4 删除图层

选择某一图层，然后单击鼠标右键，在弹出的快捷菜单中选择【删除图层】命令进行删除，或将图层拖动到 🗑 处，进行删除，如图4-7所示。

图4-7

4.2.5 设置图层的状态

（1）图层的隐藏和显示。如果要对某一层中的内容进行隐藏，单击与眼睛按钮下方对齐处，会出现一个红叉按钮，表示此图层不可见，如图4-8所示。如果要恢复可见，单击红叉按钮即可。如果要将现有图层均隐藏，可单击眼睛按钮；如要恢复可见，可再次单击眼睛按钮。

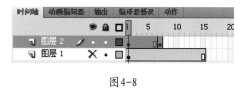

图4-8

（2）图层的锁定和解锁。如果要对某一层中的内容进行锁定，单击与锁状图标下方对齐处，便会出现一个锁状图标，表示此图层内容不可编辑，如图4-9所示。如果要将现有图层均锁定，可单击锁状图标，如要全部解锁，再次单击锁状图标。

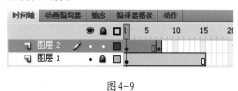

图4-9

（3）图层轮廓显示的启动和关闭。如果要显示某一图层中内容的轮廓，单击图层后边的矩形色块，会出现一个只有边框的矩形，这时可见本图层中的内容轮廓，如图4-10所示。如果要恢复，单击边框矩形。如要显示全部图层中内容的轮廓，单击图层上方的边框矩形按钮；如果要全部恢复，再次单击边框矩形按钮。

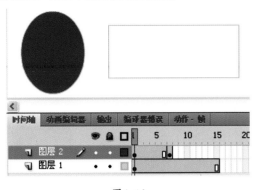

图4-10

4.2.6 图层文件夹

图层文件夹主要用来组织和管理图层，通过单击【时间轴】面板中左下角的【新建文件夹】按钮，可新建图层文件夹。建立好文件夹，便可以将相应的图层拖入图层文件夹中进行管理，文件夹可以展开和折叠，阅读和管理都很方便，如图4-11所示。

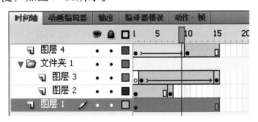

图4-11

4.3 逐帧动画

逐帧动画是最传统的动画方式，是靠播放一连串的关键帧来实现的。这种动画的每一帧都不完全相同，其优点是可以作得很细腻和生动，缺点是要作出一个复杂动画，就得对每一帧进行编辑，加重了制作的负担，故这种动画形式应视情况而定。

4.3.1 制作运动的圆形的逐帧动画

（1）执行【文件】→【新建】命令，新建一个文件，在【属性】面板中设置其宽、高为默认值550像素×400像素，背景色为白色，帧频为24帧/秒。

（2）在【工具】面板中选择【椭圆工具】，选择填充色为黑色，无边框色，按住Shift键，在舞台上绘制一圆形，如图4-12所示。

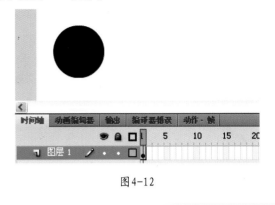

图4-12

（3）选择第二帧，按F6键插入一关键帧，然后选择舞台上的圆形，使其向右移动，如图4-13所示。

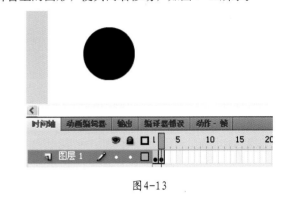

图4-13

（4）选择第三帧，重复步骤（3）的操作，不断地插入关键帧和移动圆形位置，最后效果如图4-14所示。

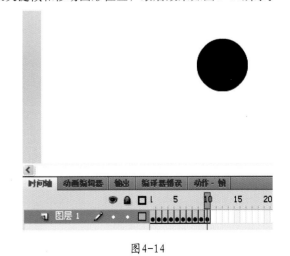

图4-14

（5）按Ctrl+Enter组合键进行测试。

（6）也可以通过在每一帧中修改圆形的大小和上下位置，来达到不同的效果。

4.3.2 导入GIF动画

（1）执行【文件】→【新建】命令，新建一个文件，在属性面板中设置其宽、高为默认值550像素×400像素，背景色为白色，帧频为24帧/秒。

（2）执行【文件】→【导入】→【导入到舞台】命令，选择一张GIF动画，单击【确定】按钮导入到舞台，此时会发现时间轴中有相应的帧，如图4-15所示。

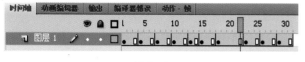

图4-15

（3）可以看到不是每帧都是关键帧，这与帧频和动画内容本身有关系，因为在帧频比较快的情况下，不必每帧都有图形的变化。如果要改变其效果，可以选择其中某帧内容，做相应修改。

（4）按Ctrl+Enter组合键进行测试。

4.4 补间形状动画

补间形状动画是通过在一个关键帧中绘制一个形状，然后在另一个关键帧中改变该形状或绘制另一个形状来实现的。因为补间形状动画的对象只能是形状，所以对于组、电影剪辑、按钮、位图和文字不能直接使用此动画形式，而必须先将其分离打散（按Ctrl+B组合键将其打散）成矢量形状后方可使用。

下边将用一个简单的矩形形状变化来演示补间形状动画。

（1）执行【文件】→【新建】命令，新建一个文件，在【属性】面板中设置其宽、高为默认值550像素×400像素，背景色为白色，帧频为24帧/秒。

（2）在【工具】面板中选择【矩形绘制工具】，设置填充色为黑色，无边框色，按住Shift键，在舞台上绘制一正方形，如图4-16所示。

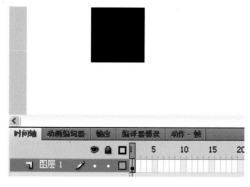

图4-16

（3）选择第20帧，按F6键插入关键帧，如图4-17所示。

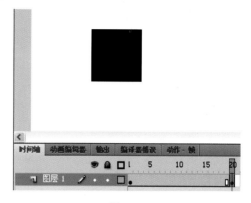

图4-17

（4）用【选择工具】选中该矩形，然后用【任意变形工具】对矩形的宽和高进行改变，如图4-18所示。

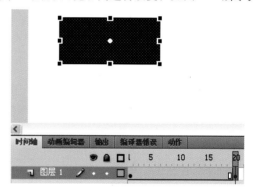

图4-18

（5）用【选择工具】对矩形边缘进行拉伸，以改变其形状，如图4-19所示。

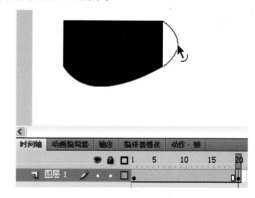

图4-19

（6）选择第1帧到第20帧的任意一帧，单击鼠标右键，在弹出的快捷菜单中选择【创建补间形状】命令，如图4-20所示。

图4-20

（7）此时可见时间轴上的帧如图4-21所示。

图4-21

（8）制作完毕，按Ctrl+Enter组合键进行测试。

▊▊ 4.5 补间动画

补间动画是通过在起点关键帧中设置好动画对象的位置、大小、颜色、透明度、旋转角度等属性，然后在终点关键帧中改变对象的这些属性来实现。对于补间动画，它的动画对象只能是元件、文字、组和位图，而不能使用形状，形状必须先将其转化成组或元件后方可使用。

下边将用一个简单的矩形形状变化来演示补间动画。

（1）执行【文件】→【新建】命令，新建一个文件，在【属性】面板中设置其宽、高为默认值550像素×400像素，背景色为白色，帧频为24帧/秒。

（2）在【工具】面板中选择【矩形绘制工具】，设置其填充色为黑色，无边框色，在舞台上绘制一矩形，如图4-22所示。

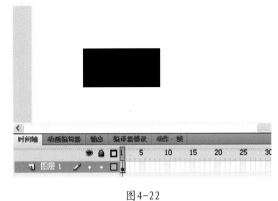

图4-22

（3）用【选择工具】选择此矩形，按F8键，会弹出【转换为元件】对话框，如图4-23所示。

图4-23

（4）在对话框的【类型】下拉列表框中可选择【影片剪辑】、【按钮】和【图形】三个选项，这里选择【图形】选项，单击【确定】按钮关闭对话框。

（5）按F11键，打开【库】面板，可以看到【库】面板中有一个名为"元件1"的元件，如图4-24所示。

图4-24

（6）选择第1帧，然后单击鼠标右键，在弹出的快捷菜单中选择【创建补间动画】命令，如图4-25所示。

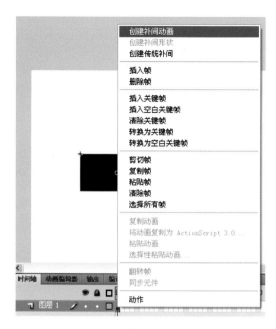

图4-25

（7）此时时间轴上会自动创建24帧（也就是1秒的动画，因为帧频为24帧/秒），如图4-26所示。

图4-26

（8）将播放头指针定位到第24帧处，如图4-26所示，然后选中矩形，移动其位置，如图4-27所示。

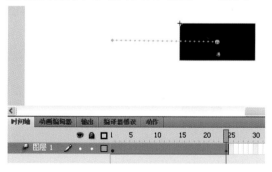

图4-27

（9）制作完毕，按Ctrl+Enter组合键进行测试。

4.6 传统补间动画

以上这种补间动画为Flash CS4开始添加的，在Flash CS4之前的版本中，补间动画的创建必须先确定起点帧和

重点帧后才能创建动画，而这种补间在CS4中被称为"传统补间动画"。下面用一个简单的例子来演示传统补间动画的制作过程。

（1）执行【文件】→【新建】命令，新建一个文件，在【属性】面板中设置其宽、高为默认值550像素×400像素，背景色为白色，帧频为24帧/秒。

（2）在【工具】面板中选择【椭圆绘制工具】，设置填充色为黑色，无边框色，按住Shift键，在舞台上绘制一圆形，如图4-28所示。

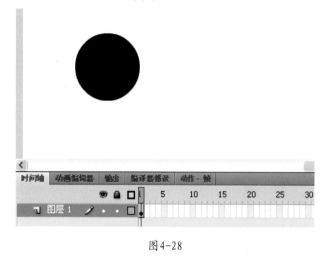

图4-28

（3）用【选择工具】选择此圆形，按F8键，将其保存【类型】设置为【影片剪辑】。

（4）选择第20帧，然后按F6键，插入一关键帧，如图4-29所示。

图4-29

（5）选择该圆形，然后移动其位置，如图4-30所示。

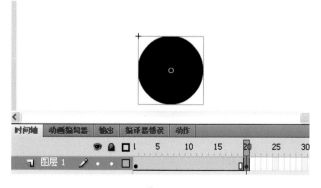

图4-30

（6）选择第1帧到第20帧之间的任意帧，单击鼠标右键，在弹出的快捷菜单中选择【创建传统补间】命令，如图4-31所示。

图4-31

（7）此时时间轴如图4-32所示。

图4-32

（8）制作完毕，按Ctrl+Enter组合键进行测试。

4.7 IK骨架动画

反向运动(IK)是一种使用骨骼的有关节结构对一个对象或彼此相关的一组对象进行动画处理的方法。使用骨骼、元件实例和形状对象可以按复杂而自然的方式移动，只需做很少的设计工作。在一个骨骼移动时，与启动运动的骨骼相关的其他连接骨骼也会移动。使用反向运动进行动画处理时，只需指定对象的开始位置和结束位置即可。通过反向运动，可以更加轻松地创建自然的运动。例如，

通过反向运动可以更加轻松地创建人物动画，如胳膊、腿和面部表情。下边将用一个简单的人物运动变化来演示IK骨架动画的使用。

（1）执行【文件】→【新建】命令，新建一个文件，在【属性】面板中设置其宽、高为默认值550像素×400像素，背景色为白色，帧频为24帧/秒。

（2）在【工具】面板中选择【矩形绘制工具】，设置填充色为黑色，设边框色为桔黄色（色值为#ff6600），在舞台上绘制一矩形，如图4-33所示。

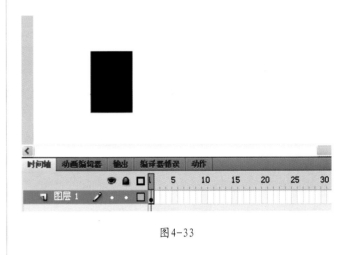

图4-33

（3）用【选择工具】选中该矩形，按F8键，将其保存为【图形】类型。

（4）锁定图层1，新建图层2并将其选中，选择【椭圆工具】，按住Shift键，在舞台上绘制一圆形，如图4-34所示。

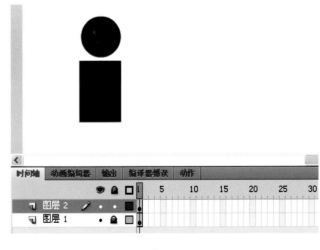

图4-34

（5）选择该圆形，按F8键，将其保存为【图形】类型。

（6）锁定图层2，新建图层3并将其选中，选择【矩形工具】，在舞台上绘制一矩形，如图4-35所示。

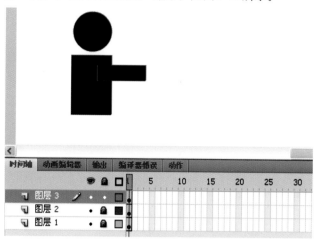

图4-35

（7）选择该矩形，按F8键，将其保存为【图形】类型。

（8）锁定图层3，新建图层4并将其选中，选择【矩形工具】，在舞台上绘制一矩形，如图4-36所示。

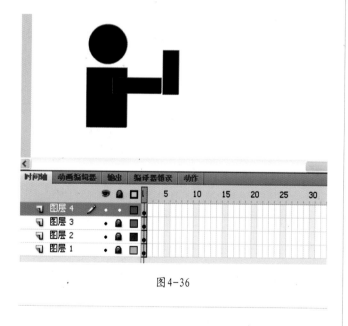

图4-36

（9）选择该矩形，按F8键，将其保存为【图形】类型。

（10）将图层1、图层2和图层3解锁，然后在【工具】面板中选择【骨骼工具】，如图4-37所示。

图4-37

（11）此时鼠标指针会变成一个骨头的形状，单击人物的躯干上部，然后拖动鼠标至人物的头部，如图4-38所示。

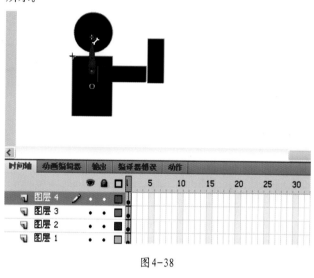

图4-38

（12）这时一个关节就创建好了，红色的圆圈处为关节的支点，如图4-39所示。

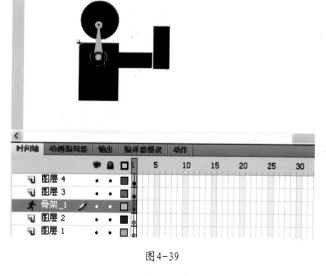

图4-39

（13）单击人物躯干的红色支点处，拖动鼠标到任务手臂端，如图4-40所示。

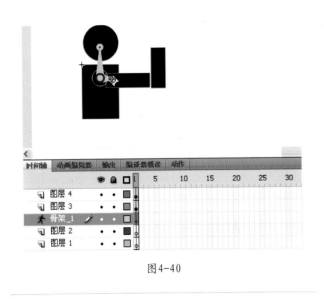

图4-40

（14）按住Ctrl键，然后移动手臂，使手臂的骨骼端点和躯干的支点重合，如图4-41所示。

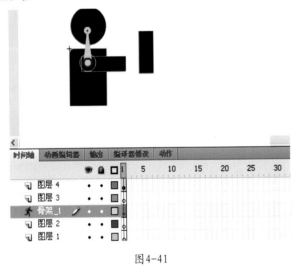

图4-41

（15）选择人物的手臂，用鼠标单击红色支点后拖动鼠标到右边的矩形上，如图4-42所示。

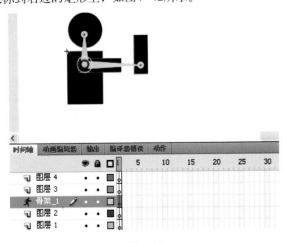

图4-42

（16）按住Ctrl键，然后移动右边的矩形，使矩形和手臂部分重叠，如图4-43所示。

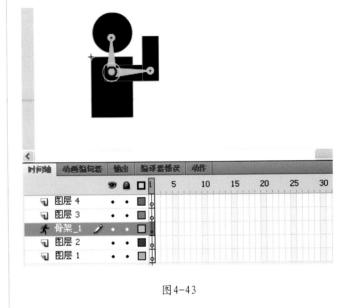

图4-43

（17）此时可以看到，时间轴中四个图层中的关键帧都已经没有了内容，而多出了一图层"骨架_1"，而所有的内容都集中到这一层中，在这一层中只要继续添加关键帧和改变人物的动作，便可以生成相应的动画。

（18）选择第15帧，单击鼠标右键，在弹出的快捷菜单中选择【插入姿势】命令，如图4-44所示。

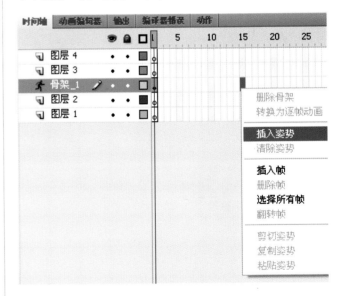

图4-44

（19）操作完毕后在第15帧处会插入一关键帧，选择此帧，用【选择工具】调整任务的手臂位置和头部的位置，如图4-45所示。

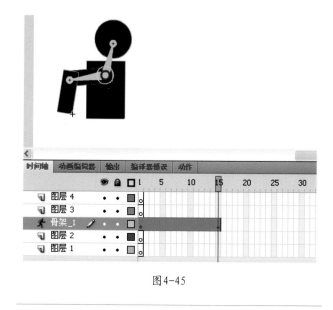

图4-45

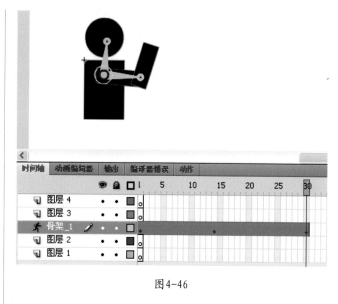

图4-46

（20）选择第30帧，单击鼠标右键，在弹出的快捷菜单中选择【插入姿势】命令，再次修改任务的姿势，如图4-46所示。

（21）制作完毕，按Ctrl+Enter组合键进行测试。

▶▶▶ 课后习题

一、填空题

1. 在时间轴中，使用_____来组织和控制文档的内容。
2. _____用来控制动画播放的速度。

二、选择题

1. 插入一关键帧，按（　）。
   A. F8键　　　B. F5键
   C. F9键　　　D. 空格键
2. 将绘制的图形保存为影片剪辑，按（　）。
   A. F11键　　　B. F3键
   C. F8键　　　D. Enter键

三、上机操作题

练习用IK骨架作一个小人的行走效果。

第5章 遮罩动画

　　我们看到的缤纷绚丽的动画，其中很多都是用简单的"遮罩"来实现的，如探照灯，水波、百叶窗、放大镜等。

　　什么是遮罩呢？顾名思义就是遮挡住下边的现实对象，使其能在某区域显示。遮罩是通过"遮罩层"来实现的，"遮罩层"有选择地显示位于其下方的"被遮罩层"中的内容。在一个遮罩动画中，"遮罩层"只有一个，"被遮罩层"可以是一个或多个。遮罩层是由普通图层转化而来的，在某个图层上单击鼠标右键，在弹出的菜单中选择【遮罩层】命令，该图层就成了遮罩层，而相应的下一层就成为被遮罩层了。如果要使更多的层被遮罩，只需把这些层拖到被遮罩层下面就行。遮罩层中的元素为除线条以外的各种元素，如果需要用到线条，必须将线条转换为填充。可以在遮罩层、被遮罩层中分别或同时使用各种动画形式，从而使遮罩动画变得异彩纷呈。

5.1 视觉窗

　　该实例是用矩形块来对一张图片进行遮罩来实现图片的部分可见，其目的主要是介绍遮罩的作用和遮罩动画的原理。

　　（1）执行【文件】→【新建】命令，新建一个文件，大小为默认尺寸550像素×400像素。

　　（2）执行【文件】→【导入】→【导入到库】命令，选择一张图片将其导入到共享库。

　　（3）按F11打开【库】面板，选择刚才导入的图片元件，如图5-1所示。

图5-1

　　（4）将库中图片拖入舞台，在【时间轴】面板中单击【新建图层】按钮，新建图层2并选中该层。在工具栏中选择矩形工具，返回舞台绘制一个长方形，以任意色填充，调整该长方形的大小，使其能将图片部分盖住，如图5-2所示。

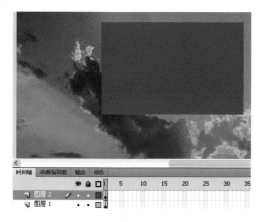

图5-2

（5）让图层2成为图层1的遮罩层。选中图层2，单击鼠标右键，在弹出的快捷菜单中选择【遮罩层】命令，如图5-3所示。

图5-3

（6）完成后会发现只有图片的一部分可见，而且两个层都被锁住了，如果要进行编译，可单击【解锁按钮】，如图5-4所示。

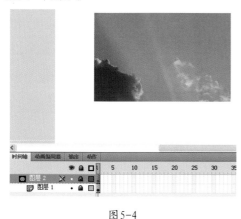

图5-4

（7）制作完毕，按Ctrl+Enter组合键进行测试。

5.2 彩色文字

该实例是用文字来对一彩色矩形块进行遮罩来实现彩色文字效果，其目的主要是向读者介绍用文字来实现遮罩所能得到的特殊效果。

（1）执行【文件】→【新建】命令，新建一个文件。

（2）选择工具栏中的【矩形工具】，以任意填充色绘出一个矩形，大小为100像素×100像素。

（3）选中所画矩形，在属性面板中将其填充色设为七彩过渡色，如图5-5所示。

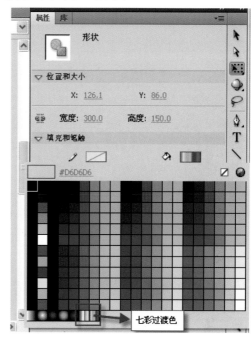

图5-5

（4）在【时间轴】面板中新建一图层2，在工具栏中选择【文字工具】，用Arial字体、50号字，选择任意色在场景中间输入"彩色文字"，移动位置，使其遮住底下色块，如图5-6所示。

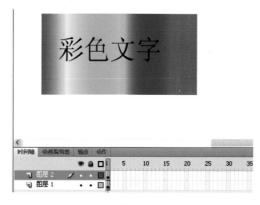

图5-6

（5）选中图层2，单击鼠标右键，在弹出的快捷菜单中选择【遮罩层】命令，效果如图5-7所示。

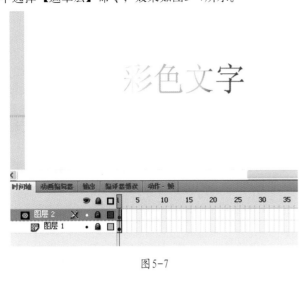

图5-7

（6）制作完毕，按Ctrl+Enter组合键进行测试。

5.3 探照灯效果

该实例实现的是探照灯的文字效果，当探照灯由左到右照射时，被照到的地方出现高亮色彩。

（1）执行【文件】→【新建】命令，新建一个文件。

（2）按Ctrl+J组合键，打开【文档属性】对话框，设置尺寸，宽为400像素，高为200像素，背景色设为黑色，单击【确定】按钮，如图5-8所示。

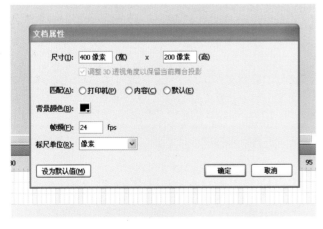

图5-8

（3）在【工具】面板中选择【文字工具】，用Arial字体、50号字，选择灰色（色值为＃666666）在场景中间输入英文"searchlight"，如图5-9所示，并双击图层1，将名字改为"背景文字层"。

图5-9

（4）选中刚才的文字，按Ctrl+C组合键复制，然后新建图层2并选中该图层，按Ctrl+Shift+V组合键把文字复制到这一层，这时新的文字的位置和原来文字的位置是一致的。设置文字的颜色为白色，双击图层2，将名字改为"高亮文字层"，如图5-10所示。

图5-10

（5）新建图层3并将其选中，选择【工具】面板中的【圆形工具】（长按【矩形工具】图标，在弹出的菜单中选择），在场景中绘制一个直径大概为60像素的圆形，并移动位置使其能部分遮住底下的文字。然后选中图层3，单击鼠标右键，在弹出的快捷菜单中选择【遮罩层】命令。完成后会发现灰色的文字中间有一块高亮的白斑，如图5-11所示。

图5-11

（6）以上只是作为遮罩的静态效果，下面我们让这个光点动起来，以达到探照灯的效果。选中"遮罩层"中的圆形，按F8键，将其保存为"图形"。如果不能选中，可单击【解锁】按钮，将图层变为可编辑状态。

（7）在【背景文字层】、【高亮文字层】还有【遮罩层】（图层3）的第30帧处分别按F5键插入帧，如图5-12所示。

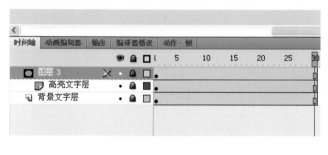

图5-12

（8）选中图层3，单击【解锁】按钮，使该层处于可编辑状态，然后选中舞台上的圆形，按F8键，将其保存为图形，如图5-13所示。

图5-13

（9）选择图层3的第1帧，将圆形移动到文字的最左边，即圆形的运动初始位置，在第1帧到第30帧之间任意处单击鼠标右键，在弹出的快捷菜单中选择【创建补间动画】命令，如图5-14所示。

图5-14

（10）选择"遮罩层"的第30帧，按F6键，插入一关键帧，然后选中圆形，将其移动到文字的最右边，此时可以看到圆形的运动轨迹，如图5-15所示。

图5-15

（11）制作完毕，按Ctrl+Enter组合键进行测试。

5.4 水波效果

该实例用两张稍微错开的图片加上遮罩来实现水波效果，其目的主要是向读者介绍制作水波这样类似的效果如何用遮罩来实现。

（1）执行【文件】→【新建】命令，新建一个文件。

（2）按Ctrl+J组合键，打开【文档属性】对话框，设置尺寸，宽为400像素，高为400像素，帧频设置为12帧/秒，单击【确定】按钮，关闭对话框。

（3）执行【文件】→【导入】→【导入到库】命令，选择一张图片将其导入到共享库。

（4）按F11打开【库】面板，选择刚才导入的图片元件，将其拖入舞台。

（5）在【工具】面板中选择【任意变形工具】，选中图片的同时按下Shift键，使图片等比缩放，效果如图5-16所示。

图5-16

（6）选中此图片，按Ctrl+C组合键复制，然后新建图层2并选中该图层，按Ctrl+Shift+V组合键把图片复制到这一层与原来图片相同的位置。

（7）移动图层2的图片，使其向上移动3个像素，这样，两张图片就细微地错开了。这样做是实现水波效果的重点，如图5-17所示。

图5-17

（8）将图层1和图层2锁定，新建一图层3并将其选中，在【工具】面板中选择【笔刷工具】，在该层上绘制若干线条，如图5-18所示。

图5-18

（9）选中这些绘制好的线条，按F8键，将其保存成图形，并将各层的帧延长至60帧（在各层的60帧上按F5键）。

（10）选择图层3的第1帧，将线条图形移动至与图片平齐，即线条图形的运动初始位置，在第1帧到第30帧之间任意处单击鼠标右键，在弹出的快捷菜单中选择【创建补间动画】命令，在第30帧处按F6键，插入一关键帧，并且选中线条图形，向上移动，使之与图片底部对齐，如图5-19所示。

（11）选择图层3，单击鼠标右键，在弹出的快捷菜单中选择【遮罩层】命令。

（12）制作完毕，按Ctrl+Enter组合键进行测试。

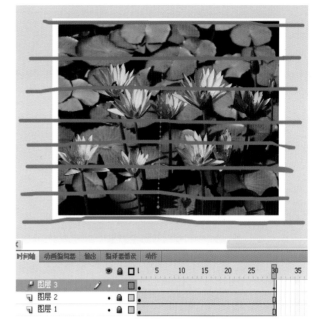

图5-19

课后习题

一、填空题

1. 遮罩层只有一个，被遮罩层可以_____。

2. 遮罩层中的元素为除_____以外的各种元素。

二、选择题

1. 在某个图层上单击鼠标右键，在弹出的快捷菜单中选择（   ）命令，该图层就成了遮罩层。

    A. 引导层　　　　　　　　　B. 创建传统运动引导层

    C. 遮罩层　　　　　　　　　D. 插入图层

2. 用矩形作为某张图片的遮罩，图片的可见区域为（   ）。

    A. 矩形以内　　　　　　　　B. 矩形以外

    C. 不可见　　　　　　　　　D. 只能看到矩形，看不到图片的任何部分

三、上机操作题

练习用遮罩实现百叶窗的效果。

第6章 路径引导动画 ▋▋▋

学习目标

通过本章的学习，了解引导动画实现的基本原理并掌握引导动画的制作。

能力目标

能够熟练掌握改变运动轨迹和使用传统的引导动画来创作各种复杂动画效果。

对于曲线或不规则的运动，如飘落的叶子、飞行的蚊子和小球的圆周运动等，在Flash CS4之前用单纯的逐帧动画或补间动画实现起来相当困难，多使用"引导路径层"来引导完成，但是Flash CS4提供了全新的动画理念，用很简单的方法就可实现此种效果。

本章将在介绍"引导路径层"作用的同时，配合传统补间动画来完成一些路径引导动画，以作为对路径动画的辅助。

▋▋▋ 6.1 小球的运动

（1）执行【文件】→【新建】命令，新建一个文件，尺寸为默认值550像素×400像素。

（2）在【工具】面板中选择【矩形工具】，在场景中绘制一矩形，绘制完毕后，用任意色填充。在图层1的30帧处，按F5键，将帧延至30帧，如图6-1所示。

（3）选中小球，按F8键，将小球保存为图形，在第1帧到第30帧之间任意处单击鼠标右键，在弹出的快捷菜单中选择【创建补间动画】命令。

（4）选中图层1的第30帧，按F6键，插入一关键帧，然后选中小球，将其移动一段距离，此时可以看到小球的运动轨迹，如图6-2所示。

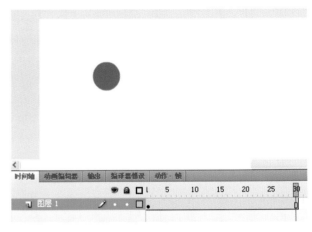

图6-1

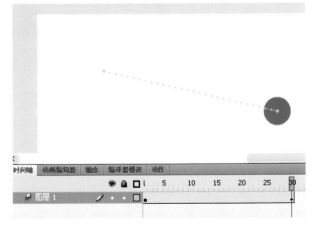

图6-2

（5）利用【选择工具】选中运动轨迹并进行拖动，将这条直线变成曲线，如图6-3所示。

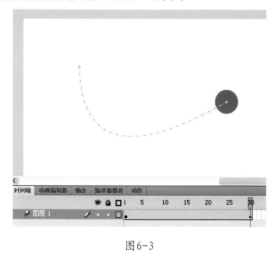

图6-3

（6）按Ctrl+Enter组合键进行测试，小球将随这条曲线轨迹运动，接下来我们对这条运动轨迹做进一步的变化。

（7）在工具栏中选择【部分选取工具】，这时运动轨迹的起点和终点的实心小方块会变成空心的，这是两个锚点，如图6-4所示。

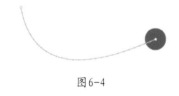

图6-4

（8）利用【部分选取工具】选中锚点（空心小方块），然后拖动，如图6-5所示。

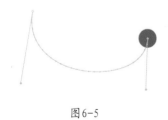

图6-5

（9）利用【选择工具】在运动轨迹的任意处拖动，如图6-6所示。

图6-6

（10）在工具栏中选择【部分选取工具】，这时在运动轨迹上会出现很多锚点（空心小方块），单击锚点，拖动实心圆形句柄，如图6-7所示。

图6-7

（11）如果想删除多余的锚点（空心小方块），可选择【删除锚点工具】，然后单击路径上的锚点，将其删除，如图6-8所示。如果要添加新的锚点，不能使用【添加锚点工具】，而只能利用【选择工具】拖动路径来生成。

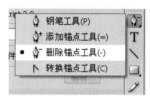

图6-8

（12）对于路径的细节调整可以将场景的比例放大。如图6-9和图6-10所示。

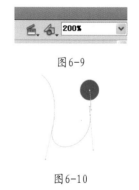

图6-9

图6-10

（13）最后的路径如图6-11所示。

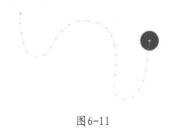

图6-11

（14）制作完毕，按Ctrl+Enter组合键进行测试。

▌▌6.2 飘落的树叶 ▌

本部分将讲解用传统补间动画和"引导层"来实现一片树叶飘落的过程，当然也可以用Flash CS4特有的修改运动路径来实现相同的效果。

（1）执行【文件】→【新建】命令，新建一个文件，尺寸为默认值550像素×400像素。

（2）选择【铅笔工具】，并设定铅笔模式为【平滑】，选择线条色为橙色，【笔触】大小为"2.0"，绘制树叶的基本轮廓，如图6-12至图6-14所示。

图6-12

图6-13

图6-14

（3）设定树叶的填充色为稍淡点的橙黄色。在工具栏中选择【颜料桶工具】，移至树叶轮廓上，单击填充颜色，如果不能正常填充的话，则设定填充空隙大小，选择【封闭大空隙】选项，如图6-15所示。

图6-15

（4）填充完以后，选中树叶，按F8键，将其保存为图形，并选择图层1的第30帧，按F6键，插入一关键帧，如图6-16所示。

图6-16

（5）选中图层1，单击鼠标右键，在弹出的快捷菜单中选择【添加传统运动引导层】命令，如图6-17所示。

图6-17

（6）此时出现新的一层"引导层：图层1"，选中该层，选择【铅笔工具】，并设定铅笔模式为【平滑】，绘制一曲线，该曲线即为树叶飘落的轨迹，如图6-18所示。

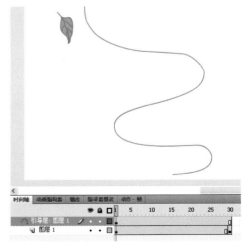

图6-18

（7）选中图层1的第1帧，将树叶置于轨迹的端点，树叶的中心点将吸附到轨迹的端点上，如果没有被吸附，可单击【贴紧至对象】按钮，如图6-19所示。

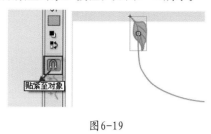

图6-19

（8）选中图层1的第30帧，将树叶置于轨迹的终点，然后在图层1第1帧到第30帧之间的任意帧上单击鼠标右键，在弹出的快捷菜单中选择【创建传统补间】命令，如图6-20所示。

图6-20

（9）按Ctrl+Enter组合键进行测试。基本的路径引导动画已经完成，如果觉得动画有点生硬，可以调整一下树叶在第1帧和第30帧的旋转角度，如图6-21所示。

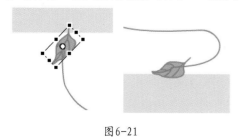

图6-21

（10）制作完成，按Ctrl+Enter组合键进行测试。

6.3 飞行的蚊子

（1）执行【文件】→【新建】命令，新建一个文件，尺寸为默认值550像素×400像素。

（2）按Ctrl+F8组合键，创建空的元件，【名称】设为"蚊子"，【类型】为"影片剪辑"，如图6-22所示。

图6-22

（3）单击【确定】按钮，进入电影剪辑的编辑界面，选择【刷子工具】，将舞台缩放比例设为200%，在图层1中绘制出如图6-23所示的蚊子的身子来。绘制完后，双击图层1，将其【名称】改为"身子"并锁定该图层。如图6-23所示。

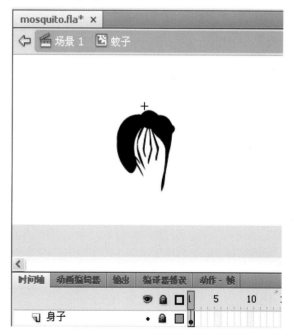

图6-23

（4）新建一图层2，双击图层，将其【名称】改为"翅膀"，选择【刷子工具】，在该图层上绘制蚊子的翅膀，如图6-24所示。隐藏图层"身子"后如图6-25所示。

图6-27

图6-24

（7）这样蚊子飞行的基本动作已经完成，按Enter键测试。单击图6-23所示面板左上方的■场景1按钮，返回主场景。

（8）按F11键，打开【库】面板，将影片剪辑"蚊子"拖入场景中，如图6-28所示。

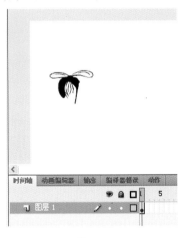

图6-28

图6-25

（5）选中"身子"图层的第2帧，按F5键插入帧，选中"翅膀"图层，在该层第2帧上，按F6键插入关键帧，如图6-26所示。

图6-26

（6）选中"身子"图层的第2帧，选取左边的翅膀，利用【任意变形工具】将其向上微微抬起，如图6-27所示。完成后，再选中右侧翅膀，用同样的方法，也将其微微抬起，如图6-27所示。

（9）在图层1的第30帧按F6键插入一关键帧，用右键单击图层1，在弹出的快捷菜单中选择【添加传统运动引导层】命令，此时出现新的一层"引导层：图层1"，选中该图层，在该图层上用【铅笔工具】绘制一条蚊子的飞行路径，如图6-29所示。

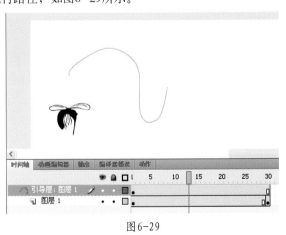

图6-29

（10）选中图层1的第1帧，将"蚊子"移动到路径的起点，选中第30帧，将"蚊子"移到路径的终点，如图6-30所示。

图6-30

（11）在图层1的第1帧到第30帧之间选择任意一帧单击鼠标右键，在弹出的快捷菜单中选择【创建传统补间】命令。

（12）制作完成，按Ctrl+Enter组合键进行测试。

6.4 小球的圆周运动

（1）执行【文件】→【新建】命令，新建一个文件，尺寸为默认值550像素×400像素。

（2）在工具栏中选择【椭圆绘画工具】，按住Shift键，在舞台上画一圆，边框色和填充色为任意色，大小调整为20像素×20像素，绘制效果如图6-31所示。

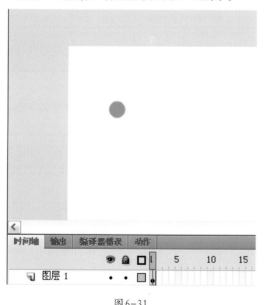

图6-31

（3）选中这个圆形，按F8键，将其保存为图形，并在图层1的30帧处按F6键，插入一关键帧，如图6-32所示。

图6-32

（4）选中图层1，单击鼠标右键，在弹出的快捷菜单中选择【添加传统运动引导层】命令，此时出现新的一层"引导层：图层1"，选中该层，在工具栏中选择【椭圆绘画工具】，在舞台上画一椭圆形，边框色和填充色为任意色，绘制效果如图6-33所示。

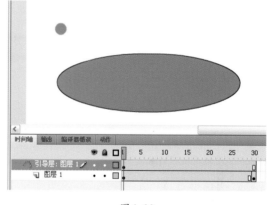

图6-33

（5）用【选择工具】选中椭圆的填充区域，按Delete键将中间的填充部分删去，只留下边框部分，如图6-34所示。

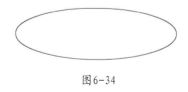

图6-34

（6）在工具栏中选择【橡皮擦工具】，设置橡皮擦的形状，然后将封闭的椭圆形擦出一个小缺口，如图6-35所示。

图6-35

(7) 选择图层1的第1帧，将其位置置于缺口的一端；选择第30帧，置于另一端，如图6-36和图6-37所示。

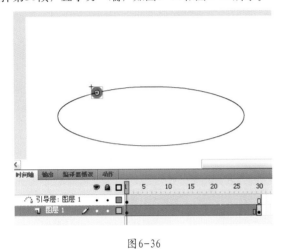

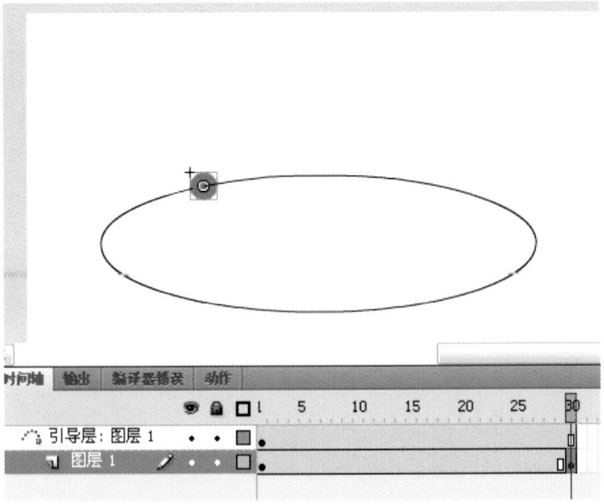

图6-37

(8) 选择图层1，在第1帧到第30帧之间的任意帧上单击鼠标右键，在弹出的快捷菜单中选择【创建传统补间】命令。

(9) 制作完成，按Ctrl+Enter组合键进行测试。

图6-36

课后习题

一、填空题

1. 在修改动画的运动轨迹时，可以用（　　）工具来选择锚点。

2. 使用传统动画引导层，我们必须通过创建（　　）补间动画来实现。

二、选择题

1. 在某个图层上单出鼠标右键，在弹出的快捷菜单中选择（　　）命令，该图层就成了传统动画引导层。

    A. 引导层　　　　　　　　　　B. 创建传统运动引导层

    C. 遮罩层　　　　　　　　　　D. 插入图层

2. 改变补间动画的运动路径，我们一般使用（　　）。

    A. 钢笔工具　　　　　　　　　B. 部分选择工具

    C. 选择工具　　　　　　　　　D. 墨水瓶工具

三、上机操作题

练习制作两个月亮绕地球运动，同时地球绕太阳运动的动画。

第7章 文字动画

Flash中的文本分为静态文本、动态文本和输入文本。制作动画使用的一般都是静态文本。文本在动画制作中经常用到，通过对文字的大小、颜色、旋转角度、透明度等属性的变化，再加上一些特有的动画形式，可使整个动画变得形象生动，如仿打字效果、书法写字效果、文字淡出淡入等。

7.1 霓虹灯文字

（1）执行【文件】→【新建】命令，新建一个文件。在【属性】面板中设置其宽、高为"500像素×200像素"，背景色为"黑色"。

（2）在工具栏中选择文字工具，设置字体为"隶书"、字号为"50"、颜色为"紫色"（色值为#9800ff），在舞台上输入文字"霓虹灯闪烁"，如图7-1所示。

图7-1

（3）选中文字，按F8键，将其保存为图形，名称设为"neonLight"，选中图层1的第15帧、第30帧、第45帧和第60帧，分别按F6键，插入关键帧，如图7-2所示。

图7-2

（4）选择第15帧后，选中文字，在【属性】面板中选择【色彩效果】的【样式】为色调，颜色设为红色，色调值设为100%，如图7-3所示。

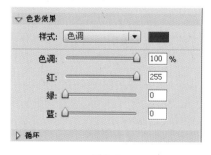

图7-3

（5）选择第30帧、第45帧和第60帧后，选中文字，在【属性】面板中设置各帧不同的色彩效果。

（6）选择图层1，将图层1的所有帧选中，在任意帧处单击右键，在弹出的菜单中选择【创建传统动画】命令。

（7）制作完毕，按Ctrl+Enter组合键进行测试。

7.2 打字机效果

（1）执行【文件】→【新建】命令，新建一个文件。在【属性】面板中设置其宽、高为"500像素×200像素"，背景色为"黑色"，帧频为"5"帧每秒。

（2）在工具栏中选择文字工具，设置字体为"黑体"、字号为"30"、颜色为"白色"，在舞台上输入文字"一个简单的打字机效果"，如图7-4所示。

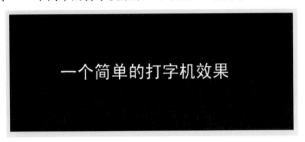

图7-4

（3）选择图层1的第10帧，按F5键插入帧。

（4）锁定图层1，新建一个图层2并将其选中，在工具栏中选择矩形绘制工具，在舞台上绘制一矩形，填充色用任意色，设置边框色为透明，如图7-5所示；调整该矩形的大小和位置，使其刚好盖住文字"一"，如图7-6所示。

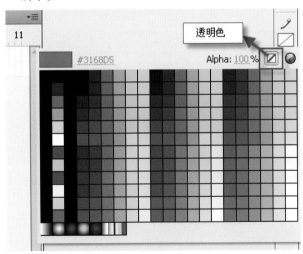

图7-5

图7-6

（5）选中该矩形，按F8键，将其保存为图形。

（6）选中图层2的任意帧，单击右键，在弹出的菜单中选择【创建补间动画】命令，然后选中第10帧，用任意变形工具选中矩形，将其注册点移至如图7-7所示的设置。

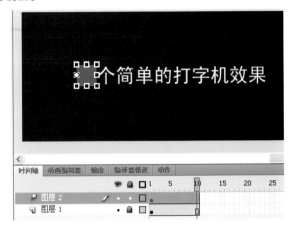

图7-7

（7）调整矩形的宽度，使其刚好盖住底层所有文字内容，如图7-8所示。

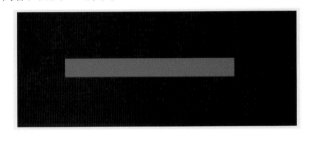

图7-8

（8）为了确认矩形刚好将底层文字盖住，而没有太多多余的填充，可单击图层2后的橙色小方块，以此来显示该层所有内容的外围轮廓，效果如图7-9所示。

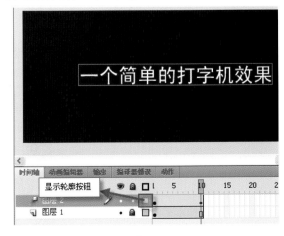

图7-9

（9）选择图层2，单击右键，在弹出的菜单中选择【遮罩层】命令。

（10）锁定图层2，新建图层3，并将其选中，在该图层上用直线工具绘制一竖线，设置其颜色为绿色（色值为#00CC00），笔触为"2.0"，长度和底层文字高度相同，如图7-10所示。

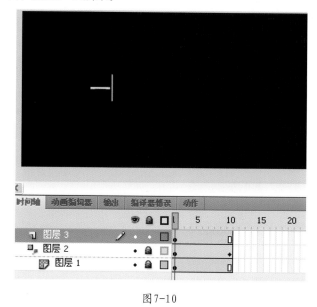

图7-10

（11）选中竖线，按F8键，将其保存为图形。

（12）选中图层3的任意帧，单击右键，在弹出的菜单中选择【创建补间动画】命令，创建好补间后选中第10帧，然后选中竖线，按方向键中的向右键→，将其移到最后一个文字的后边，如图7-11所示。

图7-11

（13）制作完毕，按Ctrl+Enter组合键进行测试。

7.3 书法效果

（1）选择【文件】→【新建】命令，新建一个文件。在【属性】面板中设置其宽、高为"200像素×200像素"，背景色为"黑色"，帧频为"10"帧每秒。

（2）按Ctrl+F8组合键，新建一个图形，名称改为"毛笔"，进入编辑区绘制一杆笔，如图7-12所示。

图7-12

（3）返回主场景，在工具栏中选择文字工具，设置字体为"华文行楷"、字号为"150"、颜色为"红色"，在舞台上输入文字"武"，如图7-13所示。

图7-13

（4）选中"武"字，按Ctrl+B组合键将字体打散，按F11键打开【库】面板，然后将"毛笔"元件拖到场景中，如图7-14所示。

图7-14

（5）选中图层1的第2帧，按F6键插入关键帧，选中"毛笔"，移到"武"字的最后一笔"点"上，如图7-15所示。

图7-15

（6）按F6键再插一关键帧，选中"毛笔"，稍向上移动，在工具栏中选择橡皮擦工具擦除"武"字的一部分笔画。

（7）重复第（6）步，直至把整个"武"字擦完。这样做是一个书写"武"字的逆过程，如图7-16所示。

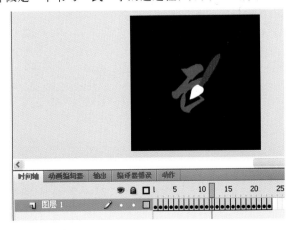

图7-16

（8）完成第（7）步后，拖动红色的帧指针，可以看到"武"字逆向的书写过程。选中图层1的所有帧，在此层的任意帧处单击右键，在弹出的菜单中选择【翻转帧】命令，如图7-17所示。

图7-17

（9）制作完毕，按Ctrl+Enter组合键进行测试。

7.4 逐个显示的文字效果

（1）执行【文件】→【新建】命令，新建一个文件。在【属性】面板中设置其宽、高为"200像素×200像素"，背景色为"黑色"，帧频为"24"帧每秒。

（2）在工具栏中选择文字工具，设置字体为"华文行楷"，字号为"50"，颜色为"红色"，在舞台上输入文字"节"。

（3）选中"节"字，按F8键，将其保存为图形，并命名为"节"，设定注册点为中心，如图7-18所示。

图7-18

（4）重复第（2）步和第（3）步，分别输入文字"日"、"快"、"乐"，然后将每个文字都从舞台上删除掉。

（5）按F11键，打开【库】面板，如图7-19所示。

图7-19

（6）将元件"节"拖入舞台，选中图层1的第40帧，按F5键插入帧，如图7-20所示。

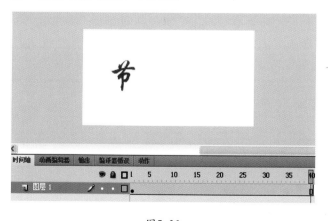

图7-20

（7）选中图层1的任意一帧，单击右键，在弹出的菜单中选择【创建补间动画】命令，在第10帧处按F6键，插入一关键帧，然后选择第1帧，选中"节"字，用任意变形工具，按住Shift键，将其等比拉大，调整位置，如图7-21所示。

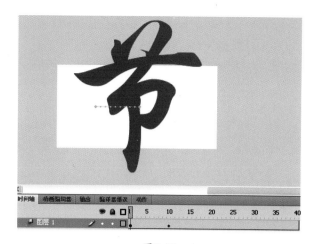

图7-21

（8）选择调整好的文字，在属性面板中选择【色彩效果】的【样式】为【Alpha】，并设定其值为"0%"（全透明），如图7-22所示，此时第1帧和第10帧的文字都成了全透明。

图7-22

（9）再选择第10帧，选中文字，在属性面板中选择【色彩效果】的【样式】为【Alpha】，并设定其值为"100%"（不透明）。

（10）锁定图层1，新建一图层2，并在此图层的第11帧处按F6键，插入关键帧，将库中的元件"日"拖入舞台，并调整好位置，如图7-23所示。

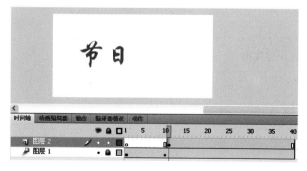

图7-23

（11）选择图层2中的任意帧，单击右键，在弹出的菜单中选择【创建补间动画】命令，选择第20帧，按F6键插入一关键帧，如图7-24所示。

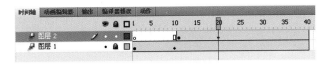
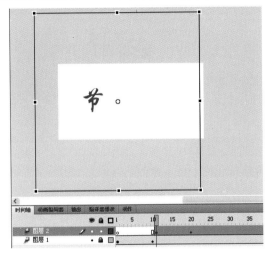

图7-24

（12）选择第11帧，选中"日"字，用任意变形工具，按住Shift键，将其等比拉大，调整位置，并将其【Alpha】值设为"0%"，如图7-25所示。

图7-25

（13）选择第20帧，选中文字，在属性面板中选择【色彩效果】的【样式】为【Alpha】，设定其值为"100%"。

（14）锁定图层1和图层2，新建一图层3，在此图层的第21帧处按F6键，插入关键帧，将库中的元件"快"拖入舞台，并调整好位置。

（15）选择图层3中的任意帧，单击右键，在弹出的菜单中选择【创建补间动画】命令，选择第30帧，按F6键插入一关键帧。

（16）选择第21帧，选中"快"字，用任意变形工具，按住Shift键，将其等比拉大，调整位置，并将其【Alpha】值设为"0%"。

（17）选择第30帧，选中文字，在【属性】面板中选择【色彩效果】的【样式】为【Alpha】，设定其值为"100%"。

（18）锁定图层1、图层2和图层3，新建一图层4，在此图层的第31帧处按F6键，插入关键帧，将库中的元件"快"拖入舞台，并调整好位置。

（19）选择图层4中的任意帧，单击右键，在弹出的菜单中选择【创建补间动画】命令，选择第40帧，按F6键插入一关键帧。

（20）选择第31帧，选中"快"字，用任意变形工具，按住Shift键，将其等比拉大，调整位置，并将其【Alpha】值设为"0%"。

（21）选择第40帧，选中文字，在属性面板中选择【色彩效果】的【样式】为【Alpha】，设定其值为"100%"。

（22）制作完毕，按Ctrl+Enter组合键进行测试。

▶▶▶ 课后习题

一、填空题

1. Flash中的文本分为_____、动态文本和输入文本。

2. 如果要修改文本的Alpha值，必须先将其保存为_____。

二、选择题

1. 等比放大保存好的文字实例，在用任意放大工具放大的过程中，按（　）。

    A. Alt键　　B. Shift键　　C. Ctrl键　　D. Alt+Ctrl键

2. Alpha值为（　），表示完全透明。

    A. 0%　　B. 100%　　C. 100　　D. 50%

三、上机操作题

练习制作多个文字绕圆周旋转的效果。

第8章 Flash 3D应用 ▓

Flash已经不再是单纯的二维动画制作软件，在Flash CS4中，我们可以直接制作出很多精彩的3D动画效果。这是因为在Flash以往的版本中，舞台的坐标体系是平面的，只有二维的坐标系即水平方向的X轴和垂直方向的Y轴，而Flash CS4引入了三维定位系统，增加了坐标轴Z轴，这样在制作中我们可以通过各轴来表示3D空间。

▓ 8.1 术语和概念

◆消失点：在用线性透视法表示时，逐渐远离的平行线相交的点，如图8-1所示。

◆透视：在2D平面上将平行线表示成聚合于一个消失点，从而获得深度和距离的视觉效果。

◆投影：为多维对象生成2D图像；3D投影将3D点映射到2D平面上。

◆旋转：通过按圆周运动的方向移动对象内的每个点来更改对象的方向（通常也会更改其位置）。

◆转换：通过平移、旋转、缩放、倾斜或这些操作的组合来更改3D点或点集。

◆平移：通过将对象内的每个点往同一方向移动相同的距离来更改对象的位置。

▓ 8.2 坐标系

Flash的坐标系是三维的，如图8-2所示。它的X轴以向右为正方向，Y轴以向下为正方向，Z轴以向里为正方向。

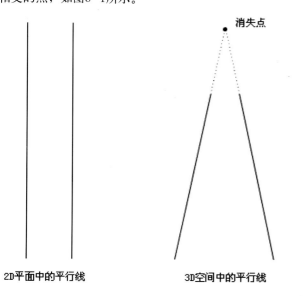

图8-1

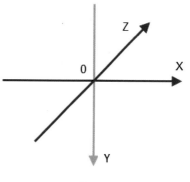

图8-2

8.3 3D效果的制作工具

Flash 允许在舞台的3D空间中移动和旋转影片剪辑来创建3D效果。通过使用工具栏中的【3D平移工具】和【3D旋转工具】(图8-3)沿着影片剪辑实例的Z轴移动和旋转影片剪辑实例，可以向影片剪辑实例中添加3D透视效果。

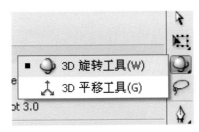

图8-3

若要使对象看起来离查看者更近或更远，可使用【3D平移工具】或【属性检查器】沿Z轴移动该对象。若要使对象看起来与查看者之间形成某一角度，可使用【3D旋转工具】绕对象的Z轴旋转影片剪辑。通过组合使用这些工具，可以创建出逼真的透视效果。

用来制作3D效果的对象必须是电影剪辑，将3D变形效果中的任意一种用于电影剪辑后，Flash会将该对象视为3D电影剪辑对象。

8.4 3D空间

3D平移和3D旋转工具都允许操作者在全局3D空间或局部3D空间中操作对象。

（1）全局3D空间即为舞台空间。全局变形和平移与舞台相关，如图8-4所示。

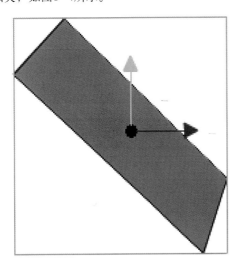

图8-4

（2）局部3D空间即为影片剪辑空间。局部变形和平移与影片剪辑空间相关，如图8-5所示。

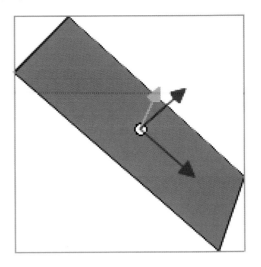

图8-5

（3）3D平移和旋转工具的默认模式是全局。若要在局部模式中使用这些工具，可单击【工具】面板的【选项】部分的【全局转换】按钮，如图8-6所示，也可以在编辑的同时按D键临时从全局模式切换到局部模式。

图8-6

8.5 在3D空间中移动对象

可以使用3D平移工具在3D空间中移动影片剪辑实例。在使用该工具选择影片剪辑后，影片剪辑的X、Y和Z三个轴将显示在舞台上对象的顶部。X轴为红色，Y轴为绿色，而Z轴则为蓝色。3D平移工具的默认模式是全局。

（1）将鼠标置于红色箭头上，当出现"X"标记时（图8-7），左右拖动对象，可改变X坐标，此时Y坐标和Z坐标保持不变。

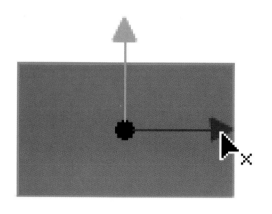

图8-7

（2）将鼠标置于绿色箭头上，当出现"Y"标记时（图8-8），上下拖动对象，可改变Y坐标，此时X坐标和Z坐标保持不变。

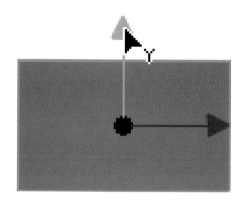

图8-8

（3）将鼠标置于中心点上，当出现"Z"标记时（图8-9），上下拖动对象，可改变Z坐标，此时X坐标和Y坐标保持不变。

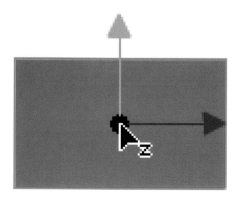

图8-9

若要使用属性面板平移对象，可在【属性】面板的【3D定位和查看】部分中输入X、Y或Z的值，如图8-10所示。

图8-10

如果想同时平移多个影片剪辑，可以用选择工具框选中所要平移的多个影片剪辑，或是按住Shift键逐个选中，然后移动其中一个可编辑的影片剪辑，进行相应的平移，如图8-11所示。

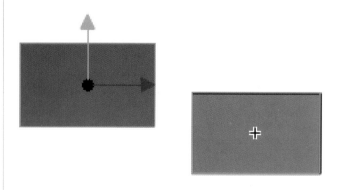

图8-11

8.6 在3D空间中旋转对象

使用3D旋转工具可以在3D空间中旋转影片剪辑实例。3D旋转控件出现在舞台上的选定对象之上，X控件为红色、Y控件为绿色、Z控件为蓝色。使用橙色的自由旋转控件可同时绕X轴和Y轴旋转。3D旋转工具的默认模式为全局。

（1）将鼠标置于红色直径上，当出现"X"标记后（图8-12），按住鼠标左键并移动，可使对象绕X轴旋转。

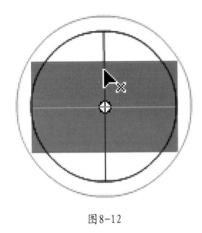

图8-12

（2）将鼠标置于绿色直径上，当出现"Y"标记后（图8-13），按住鼠标左键并移动，可使对象绕Y轴旋转。

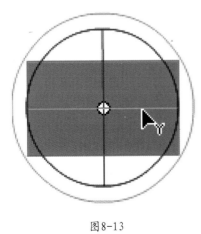

图8-13

（3）将鼠标置于蓝色圆环上，当出现"Z"标记后（图8-14），按住鼠标左键并移动，可使对象绕Z轴旋转。

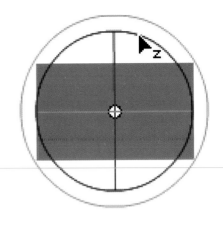

图8-14

另外，还可以在【变形】面板（【窗口】→【变形】）中的【3D旋转】的X、Y和Z字段中输入所需的值来旋转选中的对象；若要移动3D旋转点，在【3D中心点】的X、Y和Z字段中输入所需的值即可，如图8-15所示。

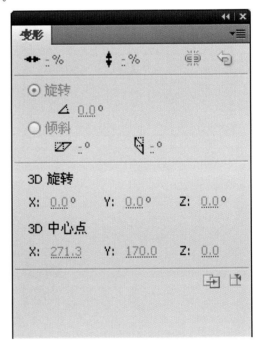

图8-15

如果想同时旋转多个影片剪辑，可以用选择工具框选所要旋转的多个影片剪辑，或者按住Shift键逐个选中，然后对其中一个可编辑的影片剪辑，进行旋转，如图8-16所示。

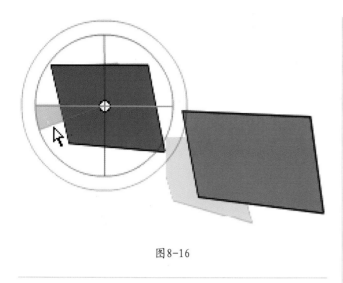

图8-16

8.7 调整透视角度

透视角度属性控制3D影片剪辑视图在舞台上的外观视角。增大或减小透视角度将影响3D影片剪辑的外观尺寸及其相对于舞台边缘的位置。增大透视角度可使3D对象看起来更接近查看者；减小透视角度可使3D对象看起来更远。此效果与通过镜头更改视角的照相机镜头缩放类似。其默认透视角度为55°，类似于普通照相机的镜头。

以下为不同透视角度所呈现出的舞台效果，如图8-17所示为透视角度为20°时的舞台效果，如图8-18所示为透视角度为120°时的舞台效果。

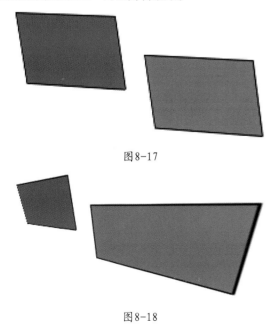

图8-17

图8-18

若要设置透视角度，可在【属性】面板中的【透视角度】字段中输入一个新值，或拖动热文本以更改该值。如图8-19所示。

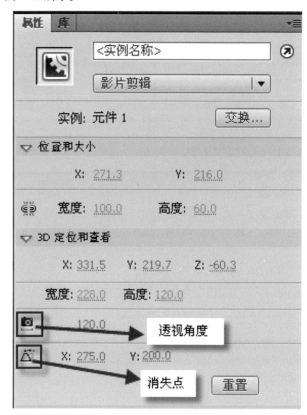

图8-19

8.8 调整消失点

消失点属性控制舞台上3D影片剪辑的Z轴方向。Flash文件中所有3D影片剪辑的Z轴都朝着消失点后退。通过重新定位消失点，可以更改沿Z轴平移对象时对象的移动方向。通过调整消失点的位置，可以精确控制舞台上3D对象的外观和动画。

例如，如果将消失点定位在舞台的左上角(0，0)，则增大影片剪辑的Z轴属性值，会使影片剪辑远离查看者并向舞台的左上角移动。若要将消失点移回舞台中心（275，200），只要单击【属性】检查器中的【重置】按钮即可。

以下为不同消失点所呈现的舞台效果，如图8-20所示为消失点在（0，0）时的舞台效果，图8-21所示为消失点在（275，200）时的舞台效果。

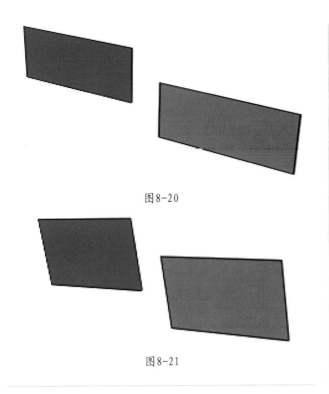

图8-20

图8-21

若要设置消失点,可在【属性】面板中的【消失点】字段中输入一个新值,或拖动热文本以更改该值。拖动热文本时,指示消失点位置的辅助线显示在舞台上。

8.9 移动翻转的3D动画

(1)执行【文件】→【新建】命令,新建一个文件,在【属性】面板中设置其宽、高为"550像素×400像素",背景色为"白色",帧频为"12"帧每秒。

(2)在工具栏中选择矩形绘制工具,在舞台上绘制一矩形,长、宽为"200像素×100像素",用橙色(#FF6600)填充,边线选择"黑色",如图8-22所示。

图8-22

(3)用选择工具框选中此矩形,按F8键,保存为【影片剪辑】,注册点选为中心点,如图8-23所示。

图8-23

(4)选中图层1的第30帧,按F5键插入帧,选择第1帧到第30帧之间的任意帧,单击右键,在弹出的菜单中选择【创建补间动画】命令,如图8-24所示。

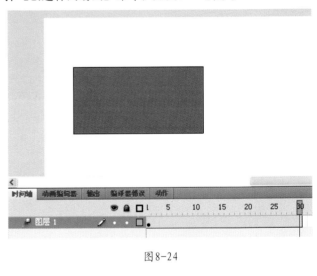

图8-24

(5)选择图层1的第30帧,选中矩形,在工具栏中选择3D平移工具,拖动红色箭头,将矩形向右平移一段距离,如图8-25所示。

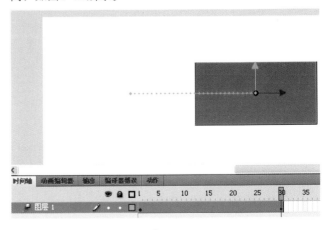

图8-25

（6）选中矩形，在工具栏中选择3D旋转工具，拖动绿色直径，使矩形绕Y轴旋转180°，如图8-26所示。

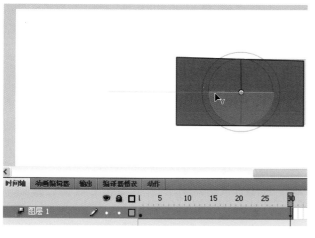

图8-26

（7）制作完毕，按Ctrl+Enter组合键进行测试。

8.10 旋转的立方体

（1）执行【文件】→【新建】命令，新建一个文件，在属性面板中设置其宽、高为"550像素×400像素"，背景色为"白色"，帧频为"12"帧每秒。

（2）按Ctrl+F8组合键，创建一影片剪辑，命名为"红色"。进入电影剪辑编辑区，选择矩形工具，按住Shift键，绘制一个边长为100的正方形，以红色填充，边框设为透明，在属性面板调整宽、高和位置，设置【X】和【Y】的值均为-50，宽、高均为100，如图8-27所示。

图8-27

（3）按照上面的方法分别创建名为"黄色"和"蓝色"的影片剪辑。

（4）按Ctrl+F8组合键创建一影片剪辑，命名为"立方体"。

（5）进入影片剪辑"立方体"的编辑区，在时间轴面板中建立图层1，将其命名为"红色1"，按F11键，打开【库】面板，将名为"红色"的影片剪辑元件拖入舞台，选中该电影剪辑，在【属性】面板中设置它的坐标值【X】、【Y】、【Z】分别为"0"、"0"、"-50"，并设置它的【Alpha】值为"50%"，如图8-28、图8-29所示。

图8-28

图8-29

（6）锁定图层"红色1"。新建图层2，改名为"红色2"，将库中名为"红色"的影片剪辑拖入编辑区，在属性面板中设定它的坐标值【X】、【Y】、【Z】分别为"0"、"0"、"50"，并设置它的【Alpha】值为"50%"，如图8-30所示。

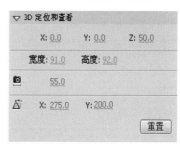

图8-30

（7）锁定图层"红色2"。新建图层3，改名为"黄色1"，将库中名为"黄色"的影片剪辑拖入编辑区，在属性面板中设定它的坐标值【X】、【Y】、【Z】分别为"-50"、"0"、"0"，并设置它的【Alpha】值为"50%"，打开【变形】面板（执行【窗口】→【变形】命令）设置【3D旋转】中的【Y】值为90°，如图8-31所示。

图8-31

（8）锁定图层"黄色1"。新建图层4，改名为"黄色2"，将库中名为"黄色"的影片剪辑拖入编辑区，在属性面板中设定它的坐标值【X】、【Y】、【Z】分别为"50"、"0"、"0"，并设置它的【Alpha】值为"50%"，打开【变形】面板，设置【3D旋转】中的【Y】值为90°，如图8-32所示。

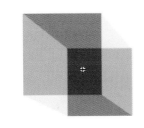

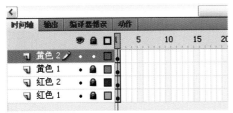

图8-32

（9）锁定图层"黄色2"。新建图层5，改名为"蓝色1"，将库中名为"蓝色"的影片剪辑拖入编辑区，在【属性】面板中【3D定位和查看】设定它的坐标值

【X】、【Y】、【Z】分别为"0"、"-50"、"0"，并设置它的【Alpha】值为"50%"，打开【变形】面板，设置【3D旋转】中的【X】值为90°，如图8-33所示。

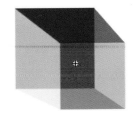

图8-33

（10）锁定图层"蓝色1"。新建图层6，改名为"蓝色2"，将库中名为"蓝色"的影片剪辑拖入编辑区，在属性面板中设定它的坐标值【X】、【Y】、【Z】分别为"0"、"50"、"0"，并设置它的【Alpha】值为"50%"，打开【变形】面板，设置【3D旋转】中的【X】值为90°，如图8-34所示。

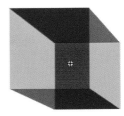

图8-34

（11）返回主场景，将名为"立方体"的元件拖入舞台，选中图层1的第30帧，按F5键插入帧，如图8-35所示。

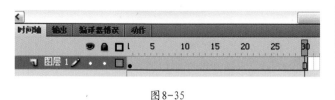

图8-35

中选择3D旋转工具，对立方体进行旋转编辑，使其绕Y轴旋转180°，并且绕Z轴旋转180°，如图8-36所示。

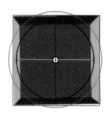

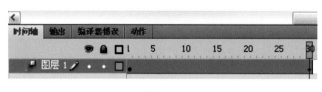

图8-36

（12）选择图层1的第1帧到第30帧之间的任意帧，单击右键，在弹出的菜单中选择【创建补间动画】命令。

（13）选择图层1的第30帧，选中立方体，在工具栏

（14）制作完毕，按Ctrl+Enter组合键进行测试。

⋮⋮⋮ 课后习题

一、填空题

1. 在用线性透视法表示时，逐渐远离的平行线相交的点称为_____。

2. 在2D平面上将平行线表示成聚合于一个消失点，从而获得深度和距离的视觉效果，称为_____。

二、选择题

1. X轴以向右为正方向，Y轴以向下为正方向，Z轴以（　　）为正反向。

    A. 向右　　B. 向上　　C. 向里　　D. 向外

2. 增大透视角度可使3D对象看起来更（　　）查看者。

    A. 接近　　B. 远离

三、上机操作题

练习制作用六张图片围起来的旋转多面体。

第9章 声音和视频

学习目标

通过本章的学习了解声音的处理和使用，并能对视频进行导入和播放。

能力目标

能够熟练掌握对声音的处理和为按钮和影片剪辑添加声音，能完成对视频的导入和利用组件来播放视频，并实现视频和动画的结合。

Flash不仅可以实现对文字、图像和图片的动画加工，而且可以对声音和视频进行处理。精美的动画配上良好的声音或音效可以给人带来感官上的享受，并给作品带来更多的亮点。Flash提供了许多使用声音的方法，可以使声音独立于时间轴连续播放，也可以使动画和一个音轨同步播放。向按钮添加声音可以使按钮具有更强的互动性，通过设置声音的淡入淡出可以使音轨更加优美。

Flash提供了许多使用声音的组件，它对于视频的支持尤其令人称道。视频有别于动画和声音，它综合了图形、图像、文字和声音，能以更直接更具体的方式传播与表达信息。

9.1 使用声音

Flash 中有两种声音类型：事件声音和音频流。事件声音必须完全下载后才能播放，除非明确停止，否则它将一直连续播放。 而音频流在前几帧下载了足够的数据后就可以播放，音频流要与时间轴同步方能达到良好的播放效果。

9.1.1 Flash支持的声音格式

Flash支持以下声音文件格式：

◆mp3（Windows 或 Macintosh）；

◆WAV（仅限 Windows）；

◆AIFF（仅限 Macintosh）；

◆ASND（Windows或Macintosh），这是Adobe® Soundbooth™ 的本机声音格式。

如果系统上安装了QuickTime® 4 或更高版本，则可以导入以下这些附加的声音文件格式：

◆AIFF（Windows或Macintosh）；

◆Sound Designer® II（仅限 Macintosh）；

◆只有声音的QuickTime影片（Windows或Macintosh）；

◆Sun AU（Windows或Macintosh）；

◆System 7声音（仅限Macintosh）；

◆WAV（Windows或Macintosh）。

9.1.2 导入声音

导入声音的步骤如下：

（1）执行【文件】→【导入】→【导入到库】命令，如图9-1所示。

图9-1

（2）在【导入】对话框中，定位并打开所需的声音文件。

（3）双击文件名或单击"打开"，将声音文件导入。如果正常的话，会出现导入的进度显示，如图9-2所示。

图9-2

（4）处理完毕后，按F11键，打开【库】，查看刚导入的声音文件，选中它，单击右上角的播放按钮，进行试听，如图9-3所示。

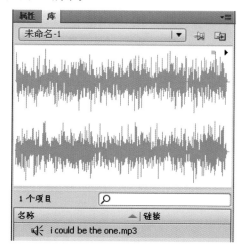

图9-3

导入声音文件时也可能出现异常，如弹出【警告框】，内容为"读取文件时出现问题，一个或多个文件没有导入"，其原因一般为声音文件的采样率和位率不符合Flash要求，此时便需要寻找符合要求的音乐文件重试。

9.1.3 向影片中添加声音

向影片中添加声音的步骤如下：

（1）声音导入库以后，按F11键打开库，将声音拖入舞台。

（2）选中图层1的第40帧，按F5键插入帧，如图9-4所示。此时时间轴中出现了音频图。当然，也可以在通过其他帧数上按F5键插入帧来查看具体的音频图。

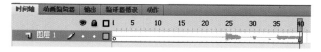

图9-4

（3）选中图层1的第1帧到第40帧之间的任意一帧，查看【属性】面板，在【声音】选项中的【名称】下拉菜单中将会列出所有导入的声音文件，如图9-5所示。

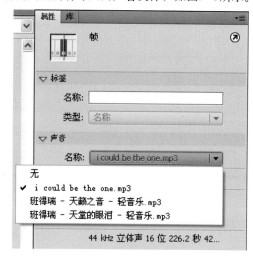

图9-5

（4）【声音】选项中的【效果】下拉菜单中有各种声音效果，如图9-6所示。

图9-6

◆【无】表示不对声音文件应用效果。选中此选项将删除以前应用的效果。

◆【左声道】、【右声道】指只在左声道或右声道中播放声音。

◆【向右淡出】、【向左淡出】会将声音从一个声道切换到另一个声道。

◆【淡入】表示随着声音的播放逐渐增加音量。

◆【淡出】表示随着声音的播放逐渐减小音量。

◆【自定义】指允许使用【编辑封套】创建自定义的声音淡入和淡出点。

如果选择【自定义】则会出现【编辑封套】对话框，要改变声音的起始和终止位置，可拖动【声音起点控制轴】和【声音终点控制轴】来调整声音的起始位置，如图9-7和图9-8所示。

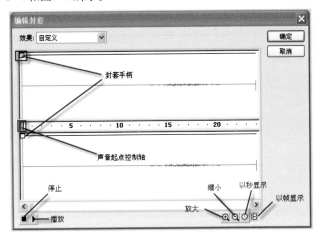

图9-7

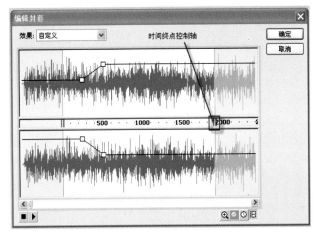

图9-8

◆白色的小方框为【封套手柄】，用鼠标上下拖动它们，可改变音量指示线的垂直位置，调整音量的大小。音量指示线位置越高，声音越大。用鼠标单击编辑区，在单击处会增加新的手柄，用鼠标拖动手柄可以调节声音的起伏。

◆单击【放大】或【缩小】按钮，可以改变窗口中显示声音的范围。

◆要切换显示单位，请单击【秒】和【帧】按钮。

◆单击【播放】和【停止】按钮来测试声音。

（5）声音选项中的【同步】下拉菜单中有各种声音效果，如图9-9所示。

图9-9

◆【事件】会将声音和一个事件的发生过程同步起来。 事件声音（例如，用户单击按钮时播放的声音）在显示其起始关键帧时开始播放，并独立于时间轴完整播放，即使SWF文件停止播放也会继续。当播放发布的SWF文件时，事件声音会混合在一起。如果事件声音正在播放，而声音再次被实例化（例如，用户再次单击按钮），则第一个声音实例继续播放，另一个声音实例同时播放。

◆【开始】与【事件】选项的功能相近，但是如果已经有声音在播放，则新声音实例就不会播放。

◆【停止】使指定的声音静音。

◆【数据流】将强制动画和音频流同步。如果Flash不能够快地绘制动画的帧，它就会跳过帧。与事件声音不同，音频流随着SWF文件的停止而停止。而且，音频流的播放时间绝对不会比帧的播放时间长。当发布SWF文件时，音频流将与之混合在一起。

（6）选择【重复】并输入重复的次数，可以指定声音应循环的次数；选择【循环】可以连续重复播放声音，如图9-10所示。

图9-10

9.1.4 给按钮添加声音

（1）执行【文件】→【新建】命令，新建一个文件，在【属性】面板中设置其宽、高为"550像素×400像素"，背景色为"白色"，帧频为"24"帧每秒。

（2）执行【文件】→【导入】→【导入到库】命令，在【导入】对话框中，选择所需的声音文件。

（3）双击文件名或单击【打开】，将声音文件导入。

（4）在工具栏上选择矩形绘制工具，绘制一个矩形，其长、宽为"80像素×30像素"，以橘红色（色值为＃FF6600）填充，边框色设为"透明"，如图9-11所示。

图9-11

（5）选择该矩形，按F8键，将其保存为"按钮"。双击该"按钮"，进入其编辑区。

（6）选择图层1的第2帧，按F6键插入关键帧，然后选中该矩形，将其颜色设置为橙色（色值为＃FF9900），如图9-12所示。

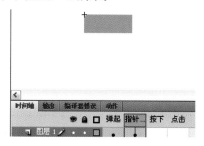

图9-12

（7）选中第4帧，按F5键插入帧。

（8）锁定图层1，新建一个图层2，选择该图层的第2帧，按F7键插入一个空白关键帧，再按F11键打开【库】面板，将所导入的声音元件拖入编辑区，这样图层2从第2帧就出现了声音的声波线，如图9-13所示。

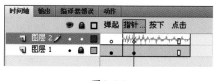

图9-13

（9）在【属性】面板中将【同步】选项设置为【事件】，并重复一次。给"按钮"添加声音必须将【同步】选项设置为【事件】，如果设置为【数据流】同步类型，则听不到声音。

（10）制作完毕，按Ctrl+Enter组合键进行测试。

9.1.5 压缩声音

Flash在输出动画时，会采用很好的方法对输出文件进行压缩，包括对文件中的声音的压缩。但如果对压缩比

例的要求很高，那么就应该直接对导入的声音进行压缩。

其压缩步骤如下：

（1）按F11键打开【库】面板，选中要压缩的声音文件，单击右键，在弹出的菜单中选择【属性】命令，此时会弹出【声音属性】对话框，如图9-14所示。

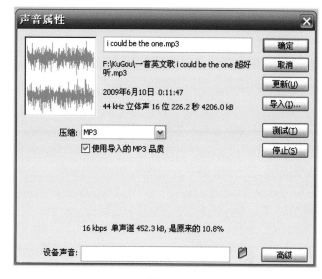

图9-14

（2）在【压缩】下拉菜单中有【默认值】、【ADPCM】、【MP3】、【原始】和【语音】5种压缩模式可以选择，如图9-15所示。

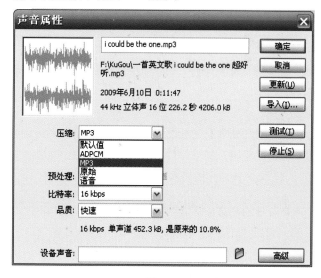

图9-15

① 【ADPCM】和【原始】压缩选项

ADPCM压缩用于设置8位或16位声音数据的压缩。在导出较短的事件声音（如单击按钮）时，可使用ADPCM设置，原始压缩在导出声音时不进行声音压缩。

【预处理】选择"将立体声转换成单声道"会将混合

立体声转换成非立体声（单声道）。

【采样比率】控制声音保真度和文件大小。 较低的采样比率会减小文件大小，但也会降低声音品质。采样比率的选项如下：

◆【5kHz】：对于语音来说，这是可接受的最低标准。

◆【11kHz】：对于音乐短片来说，这是建议的最低声音品质，是标准CD比率的四分之一。

◆【22kHz】：是用于Web回放的常用选择，是标准CD比率的二分之一。

◆【44kHz】：是标准的CD音频比率。

注：Flash不能使导入声音的kHz比率高于导入时的比率。

【ADPCM 位】（仅限ADPCM）指定声音压缩的位深度。位深度越高，其生成的声音品质就越高。

② 【MP3】压缩选项

【MP3】压缩选项可以用mp3压缩格式导出声音。当导出像乐曲这样较长的音频流时，可使用mp3选项。如果要导出一个以mp3格式导入的文件，导出时可以使用该文件导入时的相同设置。

使用导入的mp3品质默认设置，可取消对其他mp3压缩设置的选择。选择使用与导入mp3文件相同的设置来导出此文件。

【比特率】可确定已导出声音文件中每秒的位数。Flash支持8Kbps到160Kbps CBR（恒定比特率）。导出音乐时，为获得最佳效果，应将比特率设置为16Kbps或更高。预处理时应将混合立体声转换成非立体声（单声不受此选项的影响）。

注：【预处理】选项只有在选择的比特率为20Kbps或更高时才可用。

【品质】决定压缩的速度和声音品质：

◆【快速】：此选项的压缩速度较快，但声音品质较低。

◆【中等】：此选项的压缩速度较慢，但声音品质较高。

◆【最好】：此选项的压缩速度最慢，但声音品质最高。

③ 【语音】压缩选项

语音压缩采用适合于语音的压缩方式导出声音。

【采样比率】控制声音保真度和文件大小。较低的采样比率可以减小文件大小，但也会降低声音的品质。可从下面的选项中进行选择。

◆【5kHz】：是语音可接受的最低标准。

◆【11kHz】：建议对语音使用此采样比率。

◆【22kHz】：对于Web上的大多数音乐类型，此采样比率是可接受的。

◆【44kHz】：这是标准的CD音频比率。 但是由于应用了压缩，SWF文件中的声音就不是CD品质了。

除了采样比率和压缩外，还可以使用下面几种方法在文档中有效地使用声音并保持较小的文件大小。

◆设置切入和切出点，避免静音区域存储在Flash文件中，从而减小文件中声音数据的大小。

◆通过在不同的关键帧上应用不同的声音效果（如音量封套，循环播放和切入/切出点）从同一声音中获得更多的变化。只需一个声音文件就可以得到许多声音效果。

◆循环播放短声音作为背景音乐。

◆不要将音频流设置为循环播放。

◆从嵌入的视频剪辑中导出音频时，应使用【发布设置】对话框中所选的全局流设置来导出。

◆在编辑器中预览动画时，可使用流同步使动画和音轨保持同步。如果计算机不够快，绘制动画帧的速度跟不上音轨，那么Flash 就会跳过帧。

◆导出QuickTime影片时，可以根据需要使用任意数量的声音和声道，不用担心文件大小。将声音导出为QuickTime文件时，声音将被混合在一个单音轨中。使用的声音数不会影响最终的文件大小。

（3）进行压缩测试。在【声音属性】对话框里，单击【测试】按钮播放声音，如果感觉已经获得了理想的声音品质，就可以单击【确定】按钮。

9.2 使用视频

Flash 是一种功能非常强大的工具，可以将视频镜头融入基于 Web 的演示文稿中。FLV和F4V(H.264)视频格式具备技术和创意优势，能将视频、数据、图形、声音和交互式控制融为一体，是网络上传的较佳格式。

9.2.1 Flash支持的视频格式

当前的Flash所支持的视频格式为FLV、F4V和所有H.264编码的视频格式（如MP4、MOV、M4V和3GP等），但是支持H.264编码格式视频文件，Flash播放器版本必须为9.0.115或以上才行（Flash CS4自带播放器版本为10）。

9.2.2 导入视频

在Flash中导入视频的步骤如下：

（1）执行【文件】→【导入】→【导入视频】命令，如图9-16所示。

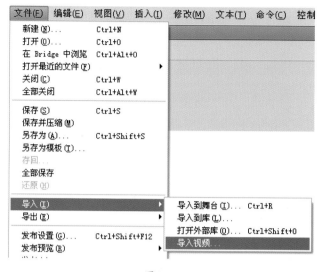

图9-16

（2）此时会弹出【导入视频】对话框，如图9-17所示。

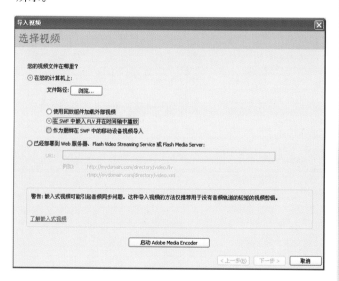

图9-17

（3）单击【浏览】按钮，选择要导入的视频文件，并选择"在SWF中嵌入FLV并在时间轴中播放"，单击【下一步】。

（4）此时出现【嵌入】选项，如图9-18所示。

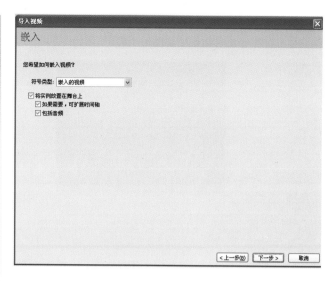

图9-18

（5）【符号类型】选择"嵌入的视频"，并选中下面的三个复选框，单击【下一步】（如果想修改上一步设置，可以单击【上一步】；如果放弃导入，可以单击【取消】）。

对于【符号类型】的说明：

◆嵌入的视频：如果要使用在时间轴上线性播放视频剪辑，那么最合适的方法就是将该视频导入到时间轴。

◆影片剪辑：良好的习惯是将视频置于影片剪辑实例中，这样可以获得对内容的最大控制。视频的时间轴独立于主时间轴进行播放。不必为容纳该视频而将主时间轴扩展很多帧，这样做会导致难以使用FLA文件。

◆图形：将视频剪辑嵌入为图形元件时，无法使用ActionScript与该视频进行交互。通常图形元件用于静态图像或用于创建一些绑定到主时间轴的可重用的动画片段。

（6）此时出现图9-19所示的对话框，单击【完成】。

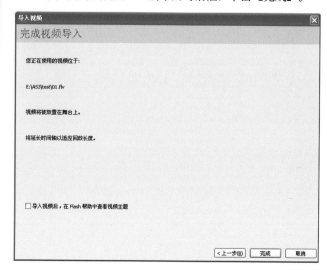

图9-19

（7）现在可以发现舞台中央出现导入的视频，时间轴上也已经有了相应的帧，如图9-20所示。

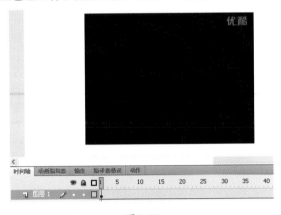

图9-20

（8）按F11键，打开【库】，可以发现导入的视频。拖动时间轴可以进行随意预览。

（9）导入完毕，按Ctrl+Enter组合键进行测试。

9.2.3 使用视频播放组件

（1）执行【文件】→【新建】命令，新建一个文件，大小为默认尺寸550像素×400像素。

（2）执行【窗口】→【组件】命令，将【组件】面板打开，如图9-21所示。

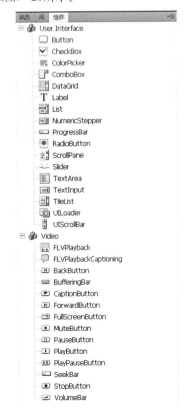

图9-21

（3）选择【组件】面板中的"FLVPlayerback"组件，将其拖入舞台，如图9-22所示。

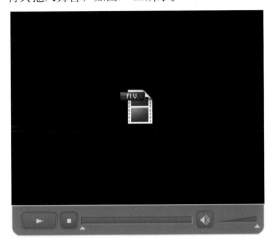

图9-22

（4）选中该组件，执行【窗口】→【组件检查器】命令，打开【组件检查器】面板，如图9-23所示。

图9-23

参数说明：

◆align：用于调整视频的对齐方式。有"center"（中心对齐）、"top"（顶对齐）、"left"（左对齐）、"bottom"（底对齐）、"right"（右对齐）、"topLeft"（左上角对齐）、"topRight"（右上角对齐）和"bottomLeft"（左下角对齐）。

◆autoPlay：用于确定如何播放FLV或F4V的布尔值。如果设为"true"，则视频在加载后立即播放。如果设为"false"，则在加载第一帧后暂停。默认值为"true"。

◆source：一个字符串，用于指定FLV、F4V的URL，或指定用于描述如何播放视频的XML文件的URL。双击此参数的"值"单元格可以激活"内容路径"对话框。默认值为空字符串。

◆cuePoints：一个字符串，用于指定视频的提示点。使用提示点可以将视频中特定的位置与Flash动画、图形或文本同步。默认值为空字符串。

◆isLive：一个布尔值，如果设为"true"，则指定从FMS实时传送视频文件流。默认值为"false"。

◆skin：一个参数，用于打开【选择外观】对话框，用以选择组件的外观。默认值为"None"。如果选择"None"，则FLVPlayback实例将不包含用户用来播放、停止、后退视频的控制元素，用户也无法执行与这些控件相关联的其他操作。如果autoPlay参数设置为"true"，则会自动播放视频。

（5）如果需要改变播放器控制条颜色的话，直接选择"skinBackgroundColor"，将其设为所需颜色即可。

（6）如果需要改变播放器控制条样式的话，可以选择参数skin后，单击【搜索】按钮，此时会弹出【选择外观】对话框，如图9-24所示。

图9-24

（7）选择参数source，然后单击【搜索】按钮，会弹出【内容路径】对话框，如图9-25所示。

图9-25

（8）单击文件夹按钮，浏览要播放的视频文件，或者直接输入文件所在的地址，单击【确定】按钮。

（9）制作完毕，按Ctrl+Enter组合键进行测试。

课后习题

一、填空题

1. Flash中有两种声音类型：事件声音和_____。

2. 当前的Flash所支持的视频格式为FLV、F4V和所有_____编码的视频格式。

二、选择题

1. 声音选项中的【名称】下拉菜单中，（　　）会将声音和一个事件的发生过程同步起来。

    A. 事件　　　　B. 开始　　　　C. 结束　　　D. 数据流

2. 支持H.264编码格式视频文件，Flash播放器版本必须为（　　）或以上才行。

    A. 9.0.115　　　B. 8.0.115　　　C. 7.0　　　　D. 6.0.115

三、上机操作题

练习制作帧动画和视频相结合的动画。

第10章 Action Script 3.0应用 ▎▎▎

学习目标

通过本章的学习了解Action Script的概念及基本使用方法。

能力目标

能够用Action Script实现对按钮和影片剪辑的基本控制和利用Action Script实现影片的预加载。

▎▎▎10.1 Action Script概述 ▎

Action Script是用来向Flash应用程序添加交互性语言的，此类应用程序可以是简单的SWF动画文件，也可以是更复杂的功能丰富的Internet应用程序。虽然不使用Action Script也可以使用Flash，但是，如果要提供基本或复杂的与用户的交互性，使用除内置于Flash中的对象之外的其他对象（例如按钮和影片剪辑）或者想以其他方或者想以别的方式让您的Flash具有更好的用户体验，则可能需要使用Action Script。

Action Script语言经历了Action Script 1.0 、Action Script 2.0，再到现在的Action Script 3.0的发展，本章示例均采用Action Script 3.0来讲解。

▎▎▎10.2 动作面板 ▎

按F9键，打开【动作】面板，如图10-1所示。

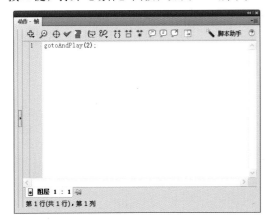

图10-1

◆将新项目添加到脚本中 ✛：显示语言元素，这些元素也显示在"动作"工具箱中。

◆查找 🔎：查找并替换脚本中的文本。

◆插入目标路径 ⊕：（仅限动作面板）为脚本中的某个动作设置绝对或相对目标路径。

◆语法检查 ✔：检查当前脚本中的语法错误。 语法错误列在输出面板中。

◆自动套用格式 ▤：设置脚本的格式以实现正确的编码语法和更好的可读性。 在"首选参数"对话框中设置自动套用格式首选参数，从"编辑"菜单或通过"动作面板" 菜单可访问此对话框。

◆显示代码提示 🖳：如果已经关闭了自动代码提示，可使用"显示代码提示" 来显示正在处理的代码行的代码提示。

◆调试选项 🐞：（仅限动作面板）设置和删除断点，以便在调试时可以逐行执行脚本中的每一行。 只能对ActionScript文件使用。

◆折叠成大括号 ⇥：对当前成对大括号间的代码进行折叠（不能对Action Script Communication或Flash Java Script文件使用这些选项）。

◆折叠所选 ⇤：折叠当前所选的代码块。

◆展开全部 ⇥：展开当前脚本中所有折叠的代码。

◆应用块注释 ☺：将注释标记添加到所选代码块的开头和结尾。

◆应用行注释 ☺：在插入点处或所选多行代码中每一行的开头处添加单行注释标记。

◆删除注释 ⬚：从当前行或当前选择内容的所有行中删除注释标记。

◆显示/隐藏工具箱⊞：显示或隐藏【动作】工具箱。

◆脚本助手✎：（仅限动作面板）在【脚本助手】模式中，将显示一个用户界面，用于输入创建脚本所需的元素。

◆帮助⑦：显示【脚本】窗格中所选Action Script元素的参考信息。例如，如果单击import语句，再单击【帮助】，【帮助】面板中将显示import的参考信息。

◆面板菜单▼≡：（仅限动作面板）包含适用于动作面板的命令和首选参数。例如，设置行号和自动换行、访问ActionScript首选参数以及导入或导出脚本。

◆代码区：可以在动作面板中输入相关的代码，如里边的"gotoAndPlay(2);"，这句代码表示从第2帧开始播放。

10.3 向动作面板中添加代码

向动作面板中添加代码有两种方式，一种是直接输入，另一种是自动输入。对于自动输入，可以单击按钮将新项目添加到脚本中，在弹出的菜单中选择需要的代码，如图10-2所示。

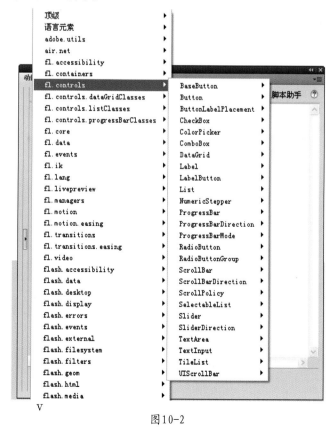

图10-2

也可以在左侧的【动作】工具箱中选择，如图10-3所示。

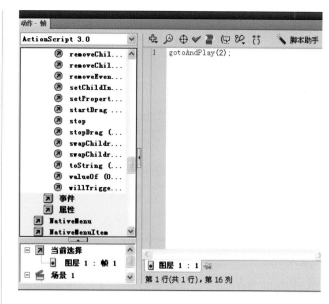

图10-3

10.4 给按钮添加超链接

（1）执行【文件】→【新建】命令，新建一个文件。

（2）在工具栏中选择矩形工具，在舞台上绘制一个矩形。

（3）选中该矩形，按F8键，将其保存为按钮类型。

（4）选择该矩形，在【属性】面板中设置实例名称为"myBtn"，如图10-4所示。

图10-4

（5）在时间轴面板中，锁定图层1，新建一图层2，双击该图层命名为"action"，如图10-5所示。

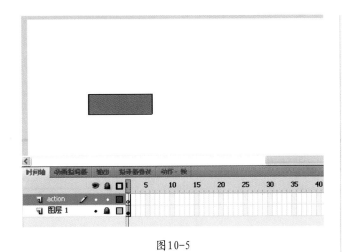

图10-5

（6）选中"action"层的第1帧，按F9键，打开【动作】面板，向其中添加代码，如图10-6所示。

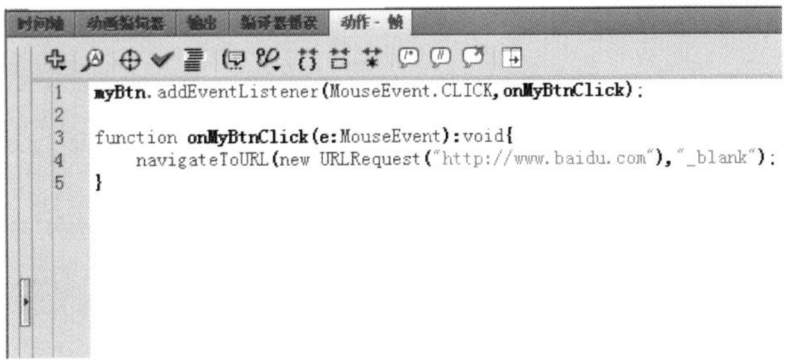

```
myBtn.addEventListener(MouseEvent.CLICK,onMyBtnClick);

function onMyBtnClick(e:MouseEvent):void{
    navigateToURL(new URLRequest("http://www.baidu.com"),"_blank");
}
```

图10-6

代码说明：

①myBtn.addEventListener(事件类型，处理事件的方法) 为名为"myBtn"的对象添加事件，【事件类型】有很多种，在此简单介绍一下鼠标事件，如下所示。

◆MouseEvent.CLICK：鼠标单击事件；

◆MouseEvent.MOUSE_DOWN：鼠标左键按下事件；

◆MouseEvent.MOUSE_UP：鼠标左键弹起事件；

◆MouseEvent.ROLL_OVER：鼠标滑入事件；

◆MouseEvent.ROLL_OUT：鼠标滑出事件；

◆MouseEvent.MOUSE_MOVE：鼠标移动事件；

◆MouseEvent.MOUSE_OUT：鼠标移出事件；

◆MouseEvent.MOUSE_OVER：鼠标移过事件；

◆MouseEvent.MOUSE_LEAVE：鼠标移开舞台事件；

◆MouseEvent.MOUSE_WHEEL：鼠标滚轮滚动事件；

◆MouseEvent.DOUBLE_CLICK：鼠标双击事件，但是在使用该事件时doubleClickEnabled（双击是否可用）必须为true，如"myBtn.doubleClickEnabled=true"。

【事件处理方法】为处理事件的一些代码集合，如方法onMyBtnClick：function onMyBtnClick(e:MouseEvent):void{//处理相关事项）。

②navigateToURL(new URLRequest(链接地址)，窗口类型)：打开或替换一个窗口，【链接地址】为指定要导航到哪个URL。【窗口类型】可以使用以下值：

◆"_self"：指定当前窗口。

◆"_blank"：指定一个新窗口。

◆"_parent"：指定框架中的父窗口。

◆"_top"：指定框架中的顶级窗口。

（7）制作完毕，按Ctrl+Enter组合键进行测试。

10.5 控制帧

（1）执行【文件】→【新建】命令，新建一个Flash文件(Action Script 3.0)，按Ctrl+J组合键打开【文档属性】对话框，设置长宽为550像素×400像素，背景为白色，帧频为24帧每秒，单击【确定】按钮。

（2）选择图层1，用【矩形工具】在舞台上绘制一个矩形，填充色为橙色（色值#FF6600），边框为透明。选中第30帧，按F6键插入一个关键帧，如图10-7所示。

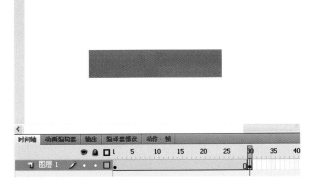

图10-7

（3）选择第30帧，用【选择工具】将矩形拉伸变形，如图10-8所示。

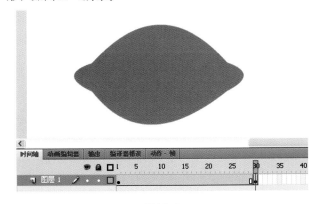

图10-8

（4）选择第1帧到第30帧之间的任意帧，单击右键，在弹出的菜单中选择【创建补间形状】命令。

（5）锁定图层1，新建图层2，在该图层的第20帧和第30帧分别按F6插入关键帧。如图10-9所示。

图10-9

（6）选择第20帧，在【属性】面板中设置【标签】选项"名称"为"orange"。如图10-10所示。

图10-10

（7）选择第30帧，按F9健打开【动作】面板，在面板中输入"stop();"。

（8）按Ctrl+Enter组合键进行测试，动画播放一遍就停止了，这是因为第30帧中的"stop();"语句使动画在30帧停止了。

（9）选择第1帧，在【动作】面板中输入"goto And Play(20);"，按Ctrl+Enter组合键进行测试，可以发现，动画直接播放后边一段，而忽略了前边一段动画，这是因为"goto And Play(20);"这句代码使动画直接跳到了第20帧开始播放。

（10）选择第1帧，将刚才写的"goto And Play(20);"，改成"goto And Play（"orange"）;"，按Ctrl+Enter组合键进行测试，发现跟刚才的动画效果一样，这是因为我们在第20帧加了标签为"orange"，所以效果是相同的。

代码说明：

goto And Play(帧数或帧标签，场景名)：从第几帧开始播放。【帧数或帧标记】表示帧编号的数字，或者表示帧标签的字符串。【场景名】一般默认为NULL，如果需要跳转到某个场景的某帧上，则需要写上具体的场景名称。

10.6 闪烁的星星

（1）执行【文件】→【新建】命令，新建一个Flash文件（Action Script 3.0），按Ctrl+J组合键打开【文档属性】对话框，设置长、宽为550像素×400像素，背景为黑色，帧频为24帧每秒，单击【确定】按钮。

（2）按Ctrl+F8组合键，新建一【按钮】，改名为"隐形按钮"，单击【确定】按钮，进入按钮编辑区。

（3）在帧【点击】处按F6键，插入一关键帧，选择该帧，用【矩形工具】在编辑区绘制一矩形，如图10-11所示。

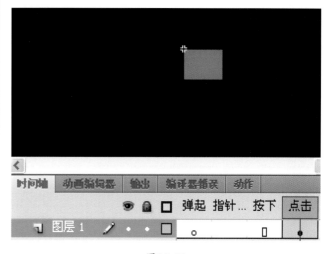

图10-11

（4）按Ctrl+F8组合键，新建一影片剪辑，改名为"星星"，单击【确定】按钮，进入按钮编辑区。

（5）在工具栏中选择【多角星形工具】，如图10-12所示，按Ctrl+F3组合键打开【属性】面板，在【工具设置】中单击【选项】按钮，弹出【工具设置】对话框，如图10-13所示。将【样式】设为"星形"，【边数】设为"5"，【星形顶点大小】设为"0.50"，单击【确定】按钮。

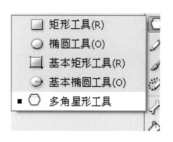

图10-12

图10-13

（6）在编辑区绘制一五角星，如图10-14所示。

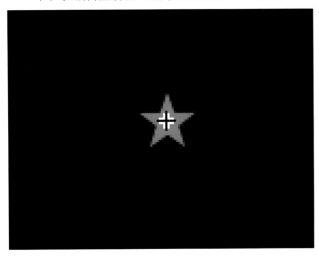

图10-14

（7）按Ctrl+F8组合键，新建一影片剪辑，改名为"闪烁的星星"，单击【确定】按钮，进入编辑区。

（8）按F11键，打开【库】面板，将之命名为"隐形按钮"的按钮元件，拖入编辑区。选中该按钮，在【属性】面板中，设定其【实例名称】为"btn"，如图10-15所示。

图10-15

（9）锁定图层1，新建图层2，选中图层2的第2帧，按F6键，插入一关键帧，将【库】面板中名为"星星"的文件拖入编辑区，调整其位置，使其和按钮的位置相同，如图10-16所示。

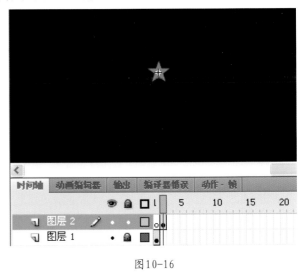

图10-16

（10）选择图层2的第21帧，按F5键插入帧，选择任意帧，单击右键，在弹出的菜单中选择【创建补间动画】命令。

（11）选中第21帧，按F6键插入一关键帧，选中"星星"，在【属性】面板的【色彩效果】中将其【Alpha】设为"0%"，再选择第2帧，也将"星星"的【Alpha】设为"0%"，然后选中第11帧，将"星星"的【Alpha】设为"100%"，这样就形成了星星的闪烁效果。如图10-17所示。

图10-17

（12）锁定图层1和图层2，新建图层3，选择第1帧，按F9键打开【动作】面板，在其中输入如图10-18所示的代码。

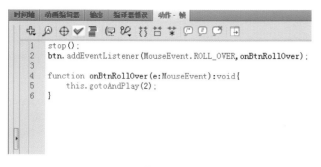

图10-18

代码说明：

◆stop()：让电影剪辑"闪烁的星星"停止在第1帧，这一帧只有一个"隐形按钮"，因为它是隐形的，在测试时，这个按钮也是看不到的。

◆btn.addEventListener(MouseEvent.ROLL_OVER,onBtnRollOver)：监听名为"btn"按钮的鼠标事件，在鼠标滑过时，处理onBtnRollOver里的相关事项，即从第2帧开始播放。

（13）返回主场景，将【库】中名为"闪烁的星星"的影片剪辑元件拖入舞台，选择舞台上的"闪烁的星星"，同时按住Ctrl键，拖动鼠标，进行不断复制，如图10-19所示。

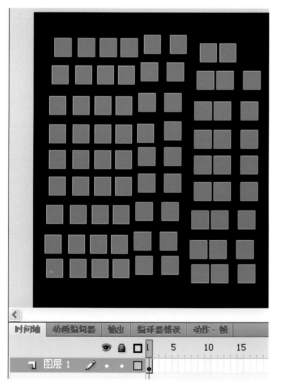

图10-19

（14）制作完毕，按Ctrl+Enter组合键进行测试。

10.7 影片预加载

对于比较大Flash动画作品，可能几兆也可能几十兆，在用户网络速度比较慢的情况下，可能无法流畅地观看动画，对于这种问题，我们可以采取预加载的方法来实现，也就是说，将整个SWF的动画内容全部载完后再播放。在文件的加载过程中将加载的进度在第一帧上显示出来，具体的做法如下：

（1）执行【文件】→【新建】命令，新建一个Flash文件(Action Script 3.0)，按Ctrl+J组合键打开【文档属性】对话框，设置文件长宽为550像素×400像素，背景为黑色，帧频为24，点击【确定】按钮。

（2）执行【文件】→【导入】→【导入到舞台】命令，导入一张比较大的图片，或导入一个大的视频文件，或者是声音文件，在此我们选择一张图片，如图10-20所示。

图10-20

（3）点击图层1，选中图层1上所有帧，按下鼠标将这些帧向后移动一帧的位置，如图10-21所示。

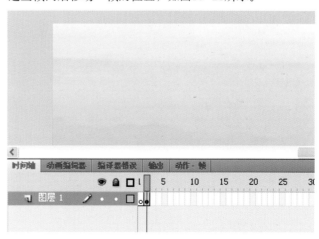

图10-21

（4）在工具栏中选择文本工具，并在属性面板中设置文本类型为动态文本，如图10-22所示。

图10-22

（5）选中图层1的第一帧，在舞台上绘制一文本框，如图10-23所示。

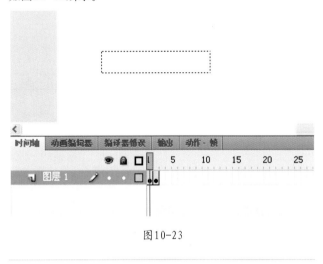

图10-23

（6）选中此文本框，打开【属性】面板，在面板中给此文本框命名为info，如图10-24所示。

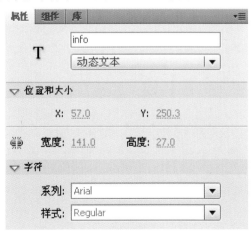

图10-24

（7）锁定图层1，新建图层2，并选中该层第一帧，按F9，打开动作面板，在其中写入图10-25所示的代码。

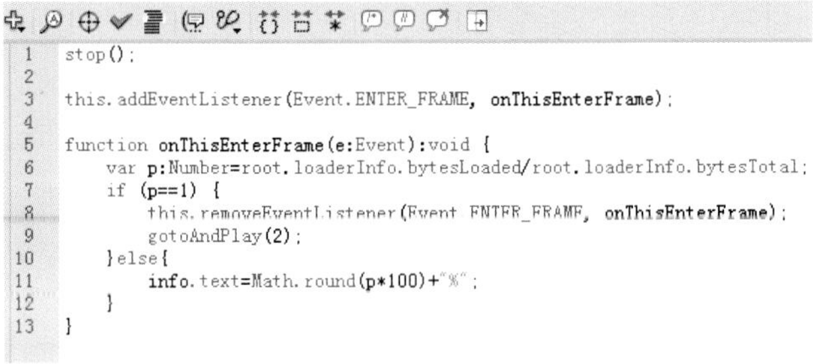

```
1   stop();
2
3   this.addEventListener(Event.ENTER_FRAME, onThisEnterFrame);
4
5   function onThisEnterFrame(e:Event):void {
6       var p:Number=root.loaderInfo.bytesLoaded/root.loaderInfo.bytesTotal;
7       if (p==1) {
8           this.removeEventListener(Event.ENTER_FRAME, onThisEnterFrame);
9           gotoAndPlay(2);
10      }else{
11          info.text=Math.round(p*100)+"%";
12      }
13  }
```

图10-25

代码说明：

root.loaderInfo.bytesLoaded/root.loaderInfo.bytesTotal：下载量跟总量相除，算出下载的百分比。

this.addEventListener(Event.ENTER_FRAME, onThisEnterFrame)：添加一个不断检测的事件，用于实时更新下载数。

this.removeEventListener(Event.ENTER_FRAME, onThisEnterFrame)：删除这个不断检测的事件。

info.text=Math.round(p*100)+"%"：在文本框中显示当前下载百分比，其中Math.round()是一个四舍五入的数学方法。

（8）按Ctrl+Enter组合键进行测试，这时会发现图形不停地晃动，不过不要紧，选择Flash播放器的"视图"→"模拟下载"命令，你便会看到下载时的进度了，如图10-26所示。

图10-26

（9）因为本例只用到了两帧，所以在播完第二帧时，会回到第一帧反复播放，所以为了避免重复播放，你可以在第二帧加上stop()命令，如图10-27、图10-28所示。

图10-27

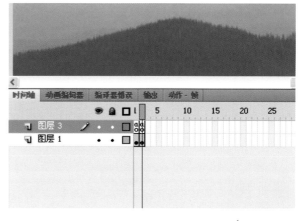

图10-28

课后习题

一、填空题

1. Flash中使用的脚本语言是_____。

2. 按_____键可以打开动作面板。

二、选择题

1. 用（　）命令可以使播放停止。

A. stop() B. play()

C. new Timer() D. goto And Play()

2. 下列（　）事件，表示鼠标滑入事件。

A. MouseEvent.CLICK B. MouseEvent.ROLL_OVER

C. MouseEvent.MOUSE_OUT D. MouseEvent.MOUSE_DOWN

三、上机操作题

练习用Action Script 3.0 控制动画的帧播放。

第11章 Flash实例分析及辅助工具 ‖‖‖

学习目标

通过本章的学习了解一个基本动画的完整制作过程和对动画辅助工具的使用。

能力目标

能够通过本实例熟练掌握ALPHA渐变在动画中的广泛应用，并能使用动画辅助工具来制作动画。

本章将通过制作相关实例来向读者介绍对Flash动画创意和商业广告应用的具体实施方法，例如文字的渐变效果在Banner制作中的用法、遮罩动画如何巧妙地制作藤蔓生长效果、平时动画制作中用到的辅助工具和使用方法等。

‖‖‖ 11.1 Banner中的文字渐变 ‖

下面我们将制作一个简单的以宣传马尔代夫旅游为主题的Banner，步骤如下：

（1）执行【文件】→【新建】命令，新建一个文件，在【属性】面板中设置其宽、高为800像素×180像素，背景色为白色，帧频为24帧每秒。

（2）执行【文件】→【导入】→【导入到舞台】命令，选择一张图片，将其导入到Flash中，如图11-1所示。

（3）锁定图层1，新建图层2，在【工具】面板中选择【文本工具】，选择字体为"隶书"，颜色为白色，字体大小为40，在舞台中输入"蓝天白云"，并移动其位置，如图11-2所示。

图11-2

图11-1

（4）选中文字"蓝天白云"，按F8键，弹出【转换为元件】对话框，将其保存为【图形】类型，如图11-3所示。

图11-3

（5）选择图层1的第30帧，按F5键插入帧，使帧内容延续至第30帧，然后选择图层2的第30帧，按F6键插入一关键帧，如图11-4所示。

图11-4

（6）选择图层2的第30帧，然后将文字"蓝天白云"向右移动一段距离（用向左箭头键进行移动），如图11-5所示。

图11-5

（7）选择图层2的第1帧，选择文字"蓝天白云"，在【属性】面板中的【色彩效果】选项中选择【样式】为【Alpha】并设置其值为0%，即完全透明。如图11-6所示。

图11-6

（8）选择图层2的第1帧到第30帧之间的任意帧，单击鼠标右键，在弹出的快捷菜单中选择【创建传统补间】命令，如图11-7所示。

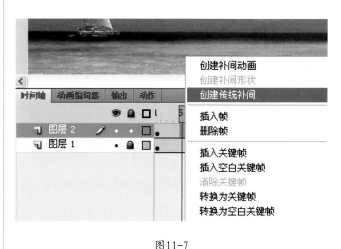

图11-7

（9）选择图层1的第90帧，按F5键插入帧，使其内容延续到90帧；选择图层2的第60帧和第90帧，分别按F6键，插入两个关键帧。如图11-8所示。

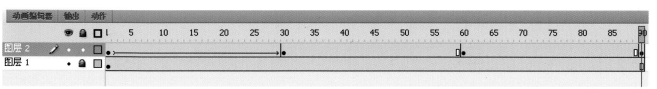

图11-8

（10）锁定图层2的第90帧，向右移动"蓝天白云"的位置，如图11-9所示，并在【属性】面板的【色彩效果】选项区域中选择【样式】为【Alpha】，并设置其值为0%，即全透明。

图11-9

（11）选择图层2的第60帧到第90帧之间的任意帧，单击鼠标右键，在弹出的快捷菜单中选择【创建传统补间】命令，创建传统补间动画。

（12）因为图层1是背景图，所以要使背景图一直可见，就必须将其延续到动画结束，所以现在首先将其延续到90帧，而且以上所作使文字有了一种淡出淡入的效果，下面还将继续使用这种效果制作别的文字。

（13）锁定图层2，新建图层3，并选中图层3的第90帧，按F6键插入一关键帧，然后在舞台上用同样的设置输入"椰林树影"，调整其位置，如图11-10所示。

图11-10

（14）选中"椰林树影"，按F8键，将其保存为【图形】类型。

（15）选择图层1的第180帧，按F5插入帧，使背景延续到180帧。选择图层1的第120帧，按F6键插入一关键帧，选择120帧，将"椰林树影"向左移动一段距离，如图11-11所示。

图11-11

（16）选择图层3的第90帧，将其【Alpha】值设为"0%"，选择第90帧到第120帧之间的任意帧，单击右键，在弹出的快捷菜单中选择【创建传统补间】命令。如图11-12所示。

图11-12

（17）选择图层3的第150帧和第180帧，分别按F6键插入关键帧，选择第180帧，将"椰林树影"的位置向左移动，如图11-13所示。

图11-13

图11-15

（18）选择图层3的第180帧，将其【Alpha】值设为"0%"，选择第150帧到第180帧之间的任意帧，单击鼠标右键，在弹出的快捷菜单中选择【创建传统补间】命令。

（19）锁定图层3，新建图层4，在图层4的第180帧处按F6键插入一关键帧，并选择此帧，在舞台上输入"水清沙白"四个字，调整其位置，如图11-14所示。

（22）选择图层4的第210帧，将"水清沙白"的【Alpha】值设为"0%"，选择第180帧到第210帧之间的任意帧，单击鼠标右键，在弹出的快捷菜单中选择【创建传统补间】命令创建动画。

（23）选择图层4的第240帧和第270帧分别按F6插入关键帧，选择第270帧，将"水清沙白"的位置向上移动，如图11-16所示。

图11-14

图11-16

（20）选中"水清沙白"，按F8键，将其保存为【图形】类型。

（21）在图层1的第270帧处按F5键插入帧，在图层4的第210帧处按F6键插入一关键帧，并将"水清沙白"向上移动一段距离，如图11-15所示。

（24）选择图层4的第270帧，将"水清沙白"的【Alpha】值设为"0%"，选择第240帧到第270帧之间的任意帧，点击右键，在弹出的快捷菜单中选择【创建传统补间】命令创建动画。

（25）以上动画都是通过对文字图形Alpha值（从0%到100%然后停留一段时间后，再从100%到0%）来实现文字的淡出淡入，同时还伴随文字的位置移动，虽然很简单，但是对于特定的动画来说效果还是很不错的。

（26）锁定图层4，新建图层5，并在图层5的第270帧处按F6键插入一关键帧，并选择此帧，在舞台上输入"享受迷人的赤道风情"，调整其位置，使其背景图片居中，如图11-17所示。

图11-17

（27）选中文字"享受迷人的赤道风情"，按F8键将其保存为【图形】类型。

（28）将背景延续至360帧，在图层5的第300帧，插入关键帧。

（29）选择图层5的270帧，设置"享受迷人的赤道风情"的【Alpha】值为"0%"，单击鼠标右键，在弹出的快捷菜单中选择【创建传统补间】命令，创建动画。

（30）选择图层5的330帧和360帧，分别插入关键帧，并选中第360帧，将文字"享受迷人的赤道风情"的【Alpha】值为"0%"，单击鼠标右键，在弹出的快捷菜单中选择"创建传统补间"命令创建动画。

（31）锁定图层5，新建图层6，并在图层6的第360帧处按F6键插入一关键帧。选择此帧，在舞台上输入文字"尽在马尔代夫"，调整其位置，如图11-18所示。

图11-18

（32）选中文字"尽在马尔代夫"，按F8键将其保存为【图形】类型。

（33）将背景延续至450帧，在图层6的第390帧插入关键帧。

（34）选择图层5的360帧，设置"尽在马尔代夫"的【Alpha】值为"0%"，点击右键，在弹出的快捷菜单中选择【创建传统补间】命令创建动画。

（35）选择图层5的420帧和450帧，分别插入关键帧，并选中第450帧，将文字"尽在马尔代夫"的【Alpha】值为"0%"，单击鼠标右键，在弹出的快捷菜单中选择【创建传统补间】命令创建动画。

（36）制作完毕，按Ctrl+Enter组合键进行测试。

11.2 藤蔓生长效果

下面我们将用遮罩来制作一个简单的藤蔓生长的动画，步骤如下：

（1）执行【文件】→【新建】命令，新建一个文件，在【属性】面板中设置其宽、高为默认值550像素×400像素，背景色为白色，帧频为24帧每秒。

（2）执行【文件】→【导入】→【导入到舞台】命令，选择一张图片，将其导入到Flash中，如图11-19所示。

图11-19

（3）在图层1的第100帧处按F5键插入帧。

（4）锁定图层1，新建图层2并将其选中，在【工具】面板中选择【刷子工具】，选择适当的笔触大小，在藤蔓的根部绘制一小色块，如图11-20所示。

图11-20

（5）选中该色块，按F8键将其保存为【影片剪辑】类型，然后双击该影片剪辑，进入影片剪辑的编辑区，如图11-21所示。

图11-21

（6）选择图层1的第2帧，按F6键插入一关键帧，然后用【刷子工具】沿着藤蔓根部向上涂刷一点，效果如图11-22所示。

图11-22

（7）按照步骤（6）的方法，不断插入关键帧，并不断地用刷子顺藤蔓向上涂刷，这样便可以通过遮罩形成藤蔓枝条的生长效果，对于枝条末端的花的开放，我们将通过对圆形做补间动画来完成。

（8）当用刷子涂刷到花朵时，新建图层2插入关键帧，并在花心处绘制一圆形，选中绘制好的圆形，按F8键，将其保存为【图形】类型。如图11-23所示。

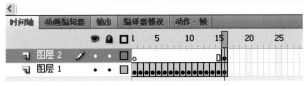

图11-23

（9）继续在图层1插入关键帧并进行一帧帧的涂刷，当插入5帧后，在图层2中创建圆形放大的动画，如图11-24所示。

图11-24

（10）按照这种模式继续涂刷并对每个花朵用圆形的补间放大动画来处理，直到将整个藤蔓涂刷完毕。

（11）返回主场景，在图层2上单击鼠标右键，在弹出的快捷菜单中选择【遮罩层】命令，创建遮罩效果。

（12）制作完毕，按Ctrl+Enter组合键进行测试。

11.3 Flash动画制作的辅助工具

11.3.1 文字特效工具——FlaX

FlaX是一款制作Flash文字特效的轻型工具，内置许多优秀的效果，这些效果如果用 Flash 来制作的话，都是有相当难度的。但用 FlaX 只需几分钟就可以完成。FlaX有些版本不支持中文，但是我们可以将其导入到Flash中，对其元件进行修改以达到我们的目的。更多信息可以登陆http://www.flaxfx.com进一步了解。Flax的界面如图11-25所示。

图11-25

11.3.2 声音处理软件——GoldWave

GoldWave是一个集声音编辑、播放、录制和转换为一体的音频工具，体积小巧，功能却不弱。可打开的音频文件相当多，包括WAV、OGG、VOC、IFF、AIF、AFC、AU、SND、MP3、MAT、DWD、SMP、VOX、SDS、AVI、MOV、APE等音频文件格式，还可以从CD、VCD、DVD或其他视频文件中提取声音。该软件内含丰富的音频处理特效，从一般特效如多普勒、回声、混响、降噪到高级的公式计算，效果众多。其界面如图11-26所示。

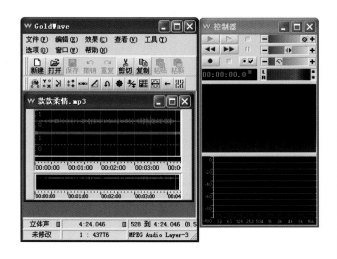

图11-26

图11-27

11.3.3 格式转换软件——Magic Swf2Gif

虽然Flash软件本身也可以将制作好的动画导出为Gif动画，一般做法为执行【文件】→【导出】→【导出影片】命令，在导出的格式中选择【GIF动画】，然后导出，但是效果不理想，特别是图片质量比较差。如果使用Magic Swf2Gif将生成好的SWF文件直接转换成GIF动画，效果会跟SWF一样好。

利用Magic Swf2Gif可以把SWF文件的全部帧或任意帧输出为一个GIF动画文件，捕捉任意一个帧为一个位图文件，或把SWF文件的全部帧或任意帧输出为TGA序列或BMP序列。该软件界面如图11-27所示。

单击该软件底部的【选项】按钮，可设置导出GIF动画播放的帧频，这个帧数需要跟SWF的帧频一致。如图11-28所示。

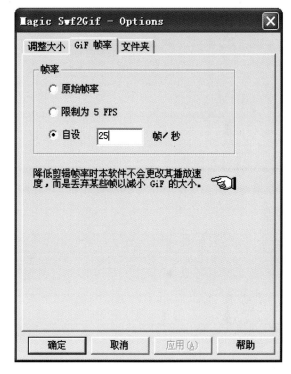

图11-28

课后习题

一、填空题

1. Flash导出GIF动画的操作步骤是_____。
2. 为提高导出的GIF动画质量，也可以使用_____软件将生成好的SWF文件直接转换成GIF动画。

二、选择题

1. 通过在【属性】面板中的【色彩效果】选项中选择（　）属性可以使一个对象透明。
   A. X　　B. Y　　C. Z　　D. Alpha
2. 通过设置（　）可以调整整个动画的播放速度。
   A. 帧频　　　　　　　B. 舞台颜色
   C. 帧的类型　　　　　D. 舞台大小

三、上机操作题

练习利用改变Alpha值的大小来制作出图片的轮换显示效果，并用FlaX软件制作的文字效果作为图片的相关说明。

第12章 Flash文件的导出、发布及优化

学习目标

通过本章的学习解Flash作品的导出及发布流程能对Flash作品的优化方法。

能力目标

能够熟练掌握Flash的导出和发布，并能严格通过优化方法来制作自己的动画作品。

当准备好向受众提供Flash内容时，可以将其发布以备播放，或将其导出为各种格式。本章将介绍对Flash作品导出、发布的相关优化技巧和常见问题的解决方法。

12.1 导出文件

Flash导出的文件主要分为两类：一类是影片格式，一类是图像格式。

影片格式包括SWF影片(*.swf)、Windows AVI(*.avi)、Quick Time(*.mov)、动画GIF(*.gif)、WAV音频(*.wav)、EMF序列(*.emf)、WMF序列(*.wmf)、位图序列(*.bmp)、JEPG序列(*.jpg)、GIF序列(*.gif)、PNG序列(*.png)。我们可以通过执行【文件】→【导出】→【导出影片】命令来导出相应的文件，如图12-1所示。

图像格式包括SWF影片（*.swf）、增强元文件（*.emf）、Windows元文件（*.wmf）、Adobe Illustrator（*.ai）、位图（*.bmp）、JEPG图像（*.jpg）、GIF图像（*.gif）、PNG（*.png）。我们可以通过执行【文件】→【导出】→【导出图像】命令来导出相应的文件。

对于Flash的导出格式，我们一般都是选择SWF影片格式。另外，不导出也能生成SWF文件，方法就是将Flash源文件保存到某个目录，然后按Ctrl+Enter组合键

测试，与此同时将会在同目录下生成一个SWF文件，这个SWF就是我们所经常用到的Flash动画文件。

图12-1

12.2 发布与设置

默认情况下，通过执行【文件】→【发布】命令会创建一个 Flash SWF文件和一个HTML文档。该HTML文档会将Flash内容插入到浏览器窗口中。通过执

行【文件】→【发布设置】命令（或按Ctrl+Shift+F12组合键）也可以打开【发布设置】对话框以重新配置文件的发布方式。

（1）在【格式】选项卡中，默认情况下，会选中【Flash（.swf）】和【HTM（.html）】两个复选框，以创建Flash影片和HTML支持文件。如果需要生成其他格式的文件，须选中对应的复选框，如图12-2所示。

（2）确保在【格式】选项卡中选中了【Flash（.swf）】和【HTML（.html）】复选框。在【Flash】选项卡中，默认情况下，发布的影片剪辑是要靠Flash Player来播放的，选项卡中的默认版本号跟Flash软件自带的Flash Player版本相同。对于Action Script版本也是一样，在此选项卡中可以对文件进行加密，对影片中的JPEG格式图片进行再压缩，也可以设置声音的相关选项等。Flash选项卡如图12-3所示。

（3）在【HTML】选项卡中，默认情况下，发布过程中会创建一个HTML文档，该文档中将会有嵌入SWF文件的相关标签，用来在浏览器窗口中显示SWF文件。【HTML】选项卡的界面如图12-4所示。

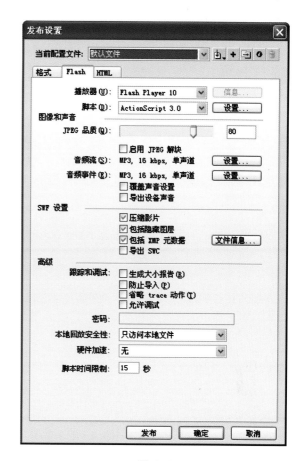

图12-3

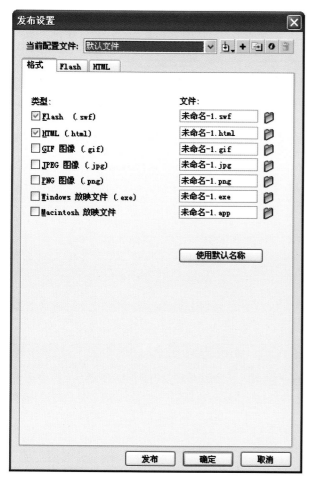

图12-2

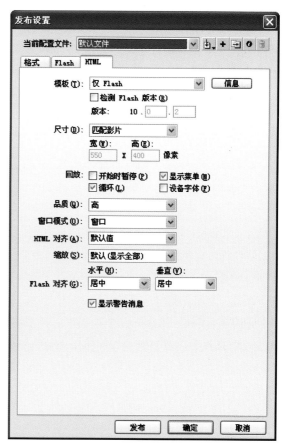

图12-4

对该选项卡中的选项进行修改，便会直接修改生成的HTML中的嵌入标签的相关参数，HTML中的嵌入SWF的标签如下：

```
<objectclassid= "clsid:d27cdb6e-ae6d-11cf-
96b8-444553540000" codebase= "http://download.
macromedia.com/pub/shockwave/cabs/flash/
swflash.cab#version=9,0,0,0" width= "700"
height= "500" id= "flvPlayer" align= "middle">

<param name= "allowScriptAccess"
value= "sameDomain" />

<param name= "allowFullScreen"
value= "true" />

<param name= "movie" value= "flvPlayer.
swf" /><param name= "quality" value= "high"
/><param name= "bgcolor" value= "#000000"
/>

<embed src= "flvPlayer.swf" quality=
"high" bgcolor= "#000000" width= "700" he
ight= "500" name= "flvPlayer" align= "middle" all
owScriptAccess= "sameDomain" allowFullScreen=
"true" type= "application/x-shockwave-
flash" pluginspage= "http://www.macromedia.
com/go/getflashplayer" />

</object>
```

我们可以将生成的HTML文件用记事本打开，看到相当多的代码，其实核心的标签就以上这些，用以上代码足以正常显示一个SWF文件在以上代码中我们会发现每个参数分别有两处定义，如src、width和height等，这是因为<embed>这个标签主要用于非IE浏览器的SWF文件的嵌入，目的是为了在不同浏览器上都能正常显示。

12.3 优化文件

Flash矢量图形因其仅需极小数据量便可实现，很多站点首页甚至全部用Flash设计，但是如果制作的Flash电影文件较大，常常会让网页阅读者在不断等待中失去耐心，那么对Flash电影进行优化就显得非常有必要。要做到既能优化Flash动画文件，又不会有损电影的播放质量，使其能够流畅地播放，必须遵守以下几点。

（1）多使用符号。如果电影中的元素需要使用一次以上，则应考虑将其转换为符号。重复使用符号并不会使电影文件明显增大，因为电影文件只需储存一次符号的图形数据。

（2）尽量使用渐变动画。只要有可能，应尽量以移动渐变的方式产生动画效果，应少使用逐帧渐变的方式产生动画。关键帧使用得越多，电影文件就会越大。

（3）应多采用实线，少用虚线。限制特殊线条类型如短画线、虚线、波浪线等的数量。由于实线的线条构图最简单，因此使用实线将使文件更小。

（4）多用矢量图形，少用位图图像。矢量图可以任意缩放而不影响Flash的画质，位图图像一般只作为静态元素或背景图，Flash并不擅长处理位图图像的动作，应避免位图图像元素的动画。

（5）多用构图简单的矢量图形。矢量图形越复杂，CPU运算起来就越费力。可通过执行【修改】→【曲线】→【优化】命令，将矢量图形中不必要的线条删除，从而减小文件。

（6）导入的位图图像文件应尽可能小一点，并以JPEG方式进行压缩。

（7）音效文件最好以MP3格式压缩。

（8）限制字体和字体样式的数量。尽量不要使用太多不同的字体，使用的字体越多，电影文件就越大。应尽可能使用Flash内定的字体。

（9）尽量少使用过渡填充颜色。使用过渡填充颜色填充一个区域比使用纯色填充区域体积大。

（10）尽量缩小动作区域。限制每个关键帧中发生变化的区域，一般应使动作发生在尽可能小的区域内。

（11）尽量避免在同一时间内安排多个对象同时产

生动作。有动作的对象也不要与其他静态对象安排在同一图层里。应该将有动作的对象安排在各自专属的图层内，以便加速Flash动画的处理过程。

（12）使用预先下载画面。如果有必要，可在电影一开始时加入预先下载画面，以便后续电影画面能够平滑播放。较大的音效文件尤其需要预先下载。

（13）电影的长宽尺寸越小越好。尺寸越小，电影文件就越小。

▶▶▶ 课后习题

一、填空题

1. Flash导出的文件主要分两类：一类是_____格式，一类是_____格式。

2. 在对Flash进行优化时，音效文件最好以_____格式压缩。

二、选择题

1. Flash导出的文件格式不包括（ ）。

    A. AVI   B. GIF   C. SWF   D. JPG

2. 打开【发布设置】对话框的快捷键是（ ）组合键。

    A. Ctrl+F11   B. Ctrl+Alt+F12

    C. Ctrl+Shift+F12   D. Ctrl+F8

三、上机操作题

发布一个在网页中背景透明的Flash动画。

参考文献

[1] 彭宗勤，孙利娟，徐景波. Flash 8基础与实例教程[M]. 北京：电子工业出版社，2006.

[2] 李光忠，邵兰洁. Flash动画设计教程[M]. 北京：中国水利水电出版社，2009.

[3] 思惠工作室. Flash 8动画特效设计经典案例[M]. 北京：人民邮电出版社，2007.

[4]（美）格林. Flash 8网页动画制作标准教材[M]. 奚戚庚，尹浩琼，译.北京：电子工业出版社，2006.